光盘界面

视频欣赏

案例欣赏

素材下载

视频文件

U0310249

制作花卉集锦

制作宝宝相册

制作光芒字幕效果

制作黑白电影效果

清华
电脑学堂

Premiere Pro CS6

中文版 标准教程

□ 黄薇 王英华 等编著

清华大学出版社
北 京

内 容 简 介

本书详细讲述了 Premiere Pro CS6 视频编辑功能和操作技巧。全书共 12 章，内容涉及视频编辑的基础知识、Premiere Pro CS6 界面、素材采集、视频转场、视频特效、色彩校正、制作字幕、视频合成、音频特效、运动效果和视频输出的制作等。为了综合运用所学知识和掌握技能，本书最后介绍了 2 个综合案例的制作过程。本书制作了精美的彩插，部分章节为了向读者更好地展示相关功能，进行了彩印。配书光盘提供了全书实例的素材文件和全程配音视频教学文件。

本书适合作为高等院校和职业院校视频编辑、影视特效和广告创意等相关专业的教学和培训教材，也可以作为 Premiere 视频编辑爱好者和普通用户的学习参考资料。

图书在版编目（CIP）数据

Premiere Pro CS6 中文版标准教程/黄薇等编著. —北京：清华大学出版社，2014（2020.1重印）
（清华电脑学堂）
ISBN 978-7-302-33787-4

Ⅰ. ①P… Ⅱ. ①黄… Ⅲ. ①视频编辑软件-教材 Ⅳ. ①TN94

中国版本图书馆 CIP 数据核字（2013）第 211323 号

责任编辑：冯志强
封面设计：吕单单
责任校对：胡伟民
责任印制：刘海龙

出版发行：清华大学出版社
　　　　网　　　址：http://www.tup.com.cn, http://www.wqbook.com
　　　　地　　　址：北京清华大学学研大厦 A 座　　　**邮　　编：**100084
　　　　社 总 机：010-62770175　　　　**邮　　购：**010-62786544
　　　　投稿与读者服务：010-62776969，c-service@tup.tsinghua.edu.cn
　　　　质量反馈：010-62772015，zhiliang@tup.tsinghua.edu.cn
印 装 者：三河市君旺印务有限公司
经　　销：全国新华书店
开　　本：185mm×260mm　　**印　张：**19.5　　**插页：**2　　**字　数：**490 千字
　　　　（附光盘 1 张）
版　　次：2014 年 5 月第 1 版　　　　　　　　　**印　次：**2020 年 1 月第 8 次印刷
定　　价：39.80 元

产品编号：055141-01

前　言

Premiere 是一款常用的非线性视频编辑软件，由 Adobe 公司推出，具有较好的画面质量和兼容性，且可以与 Adobe 公司推出的其他软件相互协作，广泛应用于广告制作和电视节目制作中。新版的 Premiere Pro CS6 经过重新设计，能够提供更强大、高效的增强功能与先进的专业工具，从而使用户制作影视节目的过程更加轻松。

1．本书的主要内容

本书的内容共分为 12 章，具体内容如下。

第 1 章介绍视频编辑的基础知识，包括线性编辑和非线性编辑简介、视频编辑的相关术语、蒙太奇和常见的视音频格式等内容。

第 2 章详细介绍了 Premiere Pro CS6 的工作环境与新增功能，以及项目与序列的创建方法，使读者更加熟悉 Premiere Pro CS6。

第 3 章主要介绍了 Premiere Pro CS6 的编辑基础知识，包括素材采集与导入，以及在 Premiere Pro CS6 中管理素材的一些基本操作方法和使用技巧。

第 4 章详细讲解了素材的编辑方法，不仅包括添加、修剪、组接素材等基本操作方法，还包括滚动编辑、波纹编辑和嵌套序列等较为复杂的视频剪辑技巧。

第 5 章介绍了 Premiere Pro CS6 中的视频切换特效，主要包括视频转场的应用，以及影视界面中一些常用的视频转场特效，同时概述了预设动画特效的应用方法。

第 6 章详细讲述了 Premiere Pro CS6 中关键帧的创建与编辑方法，从而了解视频中动画的制作方法，以及 Premiere Pro CS6 中一些常用视频特效的添加与设置方法。

第 7 章介绍数码视频颜色理论的同时，讲解了 Premiere 中的一些校正类视频特效，如调整类、色彩校正类和图像控制类特效等，帮助读者了解视频色彩变化的特效应用。

第 8 章讲述 Premiere Pro CS6 中字幕的创建与编辑方法，包括字幕属性的设置、字幕样式和图形对象的应用，以及字幕特效的创建方法。

第 9 章根据视频素材中颜色、明暗关系等因素，分类介绍【键控】特效组中的遮罩特效，掌握多个视频素材合成技巧。

第 10 章分别介绍音频素材的编辑方法和 Premiere Pro CS6 的调音台功能，其中包括音频素材的剪辑、音频转场特效和混合音轨的创建方法等。

第 11 章介绍影视节目的制作完成后影片的合成与输出，其中包括常见视频格式。

第 12 章为综合实例，分别通过婚庆视频与电子相册实例的制作，使读者能够更快地掌握利用 Premiere Pro CS6 制作影视节目的方法与技巧。

2．本书的主要特色

❑ **课堂练习**　本书每一章都安排了丰富的"课堂练习"，以实例的形式演示 Premiere Pro CS6 的操作知识，便于读者模仿学习和操作，同时方便了教师组织授课内容。

❏ **彩色插图** 本书制作了大量精美的实例，网页设计效果，使读者在感受赏心悦目的图片同时进一步掌握 Premiere Pro CS6 的应用。

❏ **网站互动** 本书提供了扩展内容的网络资料链接，便于读者继续学习相关知识。

❏ **思考与练习** 复习题测试读者对本章介绍内容的掌握程度。上机练习理论结合实际，引导学生提高上机操作能力。

3. 本书的使用对象

本书内容从普通拍摄视频用户入手，按照视频导入、剪辑、视频转场、视频特效、色彩校正、字幕添加、视频合成、视频输出等顺序进行编写，知识内容全面、结构完整、图文并茂、通俗易懂，配有丰富的实例。帮助读者深入掌握 Premiere Pro CS6 软件的操作应用知识，适合相关专业的学生、视频处理爱好者，以及没有任何视频编辑经验，但是希望能够掌握影视节目编辑技能的读者。

参与本书编写的除了封面署名人员外，还有刘凌霞、王海峰、张瑞萍、吴东伟、王健、倪宝童、温玲娟、石玉慧、李志国、唐有明、王咏梅、李乃文、陶丽、王黎、连彩霞、毕小君、王兰兰、牛红惠、汤莉、王中行、王晓军、孙岩、刘红娟、夏丽华、王翠敏、吕咏等人。由于时间仓促，水平有限，疏漏之处在所难免，欢迎读者朋友登录清华大学出版社的网站 www.tup.com.cn 与我们联系，帮助本书的改进和提高。

目 录

第1章 数字视频基础知识 ·············1

1.1 数字视频的基本概念 ·········2
    1.1.1 模拟信号与数字信号 ·········2
    1.1.2 帧速率和场 ·········3
    1.1.3 分辨率和像素宽高比 ·····5
    1.1.4 视频色彩系统 ·········6
    1.1.5 视频压缩 ·········7
1.2 数字视频应用理论基础 ·······8
    1.2.1 电视制式 ·········8
    1.2.2 高清的概念 ·········10
1.3 数字视频编辑基础 ·········11
    1.3.1 线性编辑与非性线编辑 ·····11
    1.3.2 非线性编辑系统的构成 ·····13
    1.3.3 非线性编辑的工作流程 ·····14
1.4 影视创作理论基础 ·········15
    1.4.1 蒙太奇与影视剪辑 ·····15
    1.4.2 组接镜头的基础知识 ·····17
    1.4.3 镜头组接蒙太奇简介 ·····19
    1.4.4 声画组接蒙太奇简介 ·····21
    1.4.5 影视节目制作的基本流程 ·····22
1.5 常用数字音视频格式介绍 ·····24
    1.5.1 常见视频格式 ·········24
    1.5.2 常见音频格式 ·········25

第2章 Premiere Pro CS6 概述 ·······26

2.1 Premiere Pro 简介 ·········27
    2.1.1 Premiere Pro 的主要功能 ·····27
    2.1.2 Premiere Pro CS6 的
        新增功能 ·········28
2.2 Premiere Pro 的工作空间 ·····31
    2.2.1 Premiere Pro 概述 ·········31
    2.2.2 预置与管理工作空间 ·····32
2.3 创建和配置项目 ·········35
    2.3.1 创建项目 ·········35
    2.3.2 项目设置 ·········36
    2.3.3 创建并设置序列 ·········37
2.4 保存和打开项目 ·········39
    2.4.1 保存项目文件 ·········39

2.4.2 打开项目 ·········40
2.5 课堂练习：新建 Premiere Pro CS6
    文件 ·········40
2.6 思考与练习 ·········41

第3章 管理项目与素材 ·······44

3.1 采集素材 ·········45
    3.1.1 采集视频 ·········45
    3.1.2 录制音频 ·········46
3.2 导入素材 ·········46
    3.2.1 利用菜单导入素材 ·········46
    3.2.2 通过面板导入素材 ·········47
3.3 查看素材 ·········48
    3.3.1 显示方式 ·········48
    3.3.2 查看视频 ·········48
3.4 管理素材 ·········50
    3.4.1 管理素材的基本方法 ·····50
    3.4.2 管理元数据 ·········53
    3.4.3 打包项目素材 ·········55
    3.4.4 脱机文件 ·········55
3.5 课堂练习：整理影片素材 ·····56
3.6 课堂练习：制作简单的电子相册 ·····57
3.7 思考与练习 ·········59

第4章 编辑影片素材 ·······61

4.1 时间轴面板 ·········62
    4.1.1 时间轴面板概述 ·········62
    4.1.2 轨道图标和选项 ·········63
    4.1.3 轨道命令 ·········65
4.2 监视器面板 ·········66
    4.2.1 源监视器与节目监视器
        概述 ·········66
    4.2.2 监视器的时间控制与
        安全区域 ·········67
    4.2.3 监控视频图像的质量 ·····68
4.3 在序列中编辑素材 ·········71
    4.3.1 添加素材 ·········71
    4.3.2 复制和移动素材 ·········71
    4.3.3 修剪素材 ·········72

4.3.4 调整素材的播放速度
　　　　与时间 ·····················74
4.3.5 音视频素材的组合与分离 ···· 75
4.4 装配序列 ·····························75
4.4.1 设置素材的入点与出点 ······· 75
4.4.2 使用标记 ·······················77
4.4.3 插入和叠加编辑 ··············· 78
4.4.4 提升与提取编辑 ··············· 79
4.4.5 嵌套序列 ·······················79
4.5 应用视频编辑工具 ·················80
4.5.1 滚动编辑 ······················ 80
4.5.2 波纹编辑 ······················ 82
4.5.3 滑移编辑 ······················ 82
4.5.4 滑动编辑 ······················ 83
4.6 课堂练习：北海一日游 ···········83
4.7 课堂练习：制作快慢镜头特效 ···86
4.8 思考与练习 ·························88

第5章 视频转场效果 ·················91
5.1 预设动画特效 ·······················92
5.1.1 画面特效 ······················ 92
5.1.2 入画与出画预设动画 ········· 92
5.2 转场特技设置 ·······················94
5.2.1 添加转场 ······················ 94
5.2.2 转场设置 ······················ 95
5.2.3 设置默认转场 ················· 96
5.3 三维运动 ·····························98
5.3.1 旋转式三维运动 ··············· 98
5.3.2 其他三维运动 ················· 99
5.4 拆分转场 ··························101
5.4.1 光圈 ·························· 101
5.4.2 滑动 ·························· 102
5.4.3 擦除 ·························· 105
5.4.4 卷页 ·························· 109
5.5 变形转场 ··························110
5.5.1 伸展 ·························· 110
5.5.2 缩放 ·························· 111
5.6 变色转场 ··························112
5.6.1 映射 ·························· 113
5.6.2 叠化 ·························· 114
5.6.3 特殊效果 ····················· 116
5.7 课堂练习：花卉集锦 ············117
5.8 课堂练习：制作风光宣传片 ····119
5.9 思考与练习 ·······················122

第6章 视频特效应用 ···············124
6.1 应用视频特效 ·····················125
6.1.1 添加视频特效 ················ 125
6.1.2 编辑视频特效 ················ 126
6.1.3 调整图层 ····················· 127
6.2 创建运动特效 ·····················129
6.2.1 设置关键帧 ··················· 129
6.2.2 快速添加运动效果 ··········· 131
6.2.3 更改不透明度 ················ 132
6.2.4 缩放与旋转特效 ············· 132
6.3 变形视频特效 ·····················134
6.3.1 变换 ·························· 134
6.3.2 扭曲 ·························· 136
6.4 画面质量视频特效 ················140
6.4.1 杂波与颗粒 ··················· 140
6.4.2 模糊与锐化 ··················· 142
6.5 光照视频特效 ·····················143
6.5.1 生成 ·························· 144
6.5.2 风格化 ······················· 145
6.6 其他视频特效 ·····················147
6.6.1 过渡 ·························· 147
6.6.2 时间与视频 ··················· 149
6.7 课堂练习：制作水中的倒影 ····150
6.8 课堂练习：夕阳斜照 ············154
6.9 思考与练习 ·······················156

第7章 校正和调整视频色彩 ·······158
7.1 颜色模式 ··························159
7.1.1 色彩与视觉原理 ············· 159
7.1.2 色彩三要素 ··················· 160
7.1.3 RGB 颜色理论 ··············· 162
7.2 图像控制类特效 ···················163
7.2.1 灰度亮度特效 ················ 163
7.2.2 饱和度特效 ··················· 164
7.2.3 颜色平衡 ····················· 165
7.2.4 颜色替换 ····················· 166
7.3 色彩校正类特效 ···················167
7.3.1 校正色彩特效 ················ 167
7.3.2 亮度调整特效 ················ 169
7.3.3 饱和度调整特效 ············· 169
7.3.4 复杂颜色调整特效 ··········· 171
7.4 调整类特效 ························173
7.4.1 阴影/高光 ···················· 173
7.4.2 色阶 ·························· 174

　　　7.4.3　照明效果 ················· 176

　　　7.4.4　其他调整特效 ··········· 178

　7.5　课堂练习：宝宝探险记 ········· 181

　7.6　课堂练习：制作黑白电影效果 ···· 183

　7.7　思考与练习 ······················ 185

第8章　创建字幕 ················· 188

　8.1　创建字幕 ························· 189

　　　8.1.1　认识字幕工作区 ········· 189

　　　8.1.2　创建各种类型字幕 ······· 192

　8.2　应用图形字幕对象 ·············· 195

　　　8.2.1　绘制图形 ················· 196

　　　8.2.2　贝塞尔曲线工具 ········· 196

　　　8.2.3　创建标记 ················· 197

　8.3　编辑字幕属性 ··················· 198

　　　8.3.1　调整字幕基本属性 ······· 198

　　　8.3.2　设置文本对象 ··········· 199

　　　8.3.3　为字幕设置填充效果 ····· 200

　　　8.3.4　对字幕进行描边 ········· 206

　　　8.3.5　为字幕应用阴影效果 ····· 208

　8.4　字幕样式 ························· 208

　　　8.4.1　载入并应用样式 ········· 208

　　　8.4.2　创建字幕样式 ··········· 209

　8.5　课堂练习：制作MTV ··········· 210

　8.6　课堂练习：制作光芒字幕效果 ···· 214

　8.7　思考与练习 ······················ 217

第9章　抠像与遮罩 ··············· 219

　9.1　合成概述 ························· 220

　　　9.1.1　调整素材的透明度 ······· 220

　　　9.1.2　导入含Alpha通道的

　　　　　　 PSD图像 ················· 220

　9.2　无用信号类遮罩特效 ··········· 221

　　　9.2.1　16点无用信号遮罩 ······· 221

　　　9.2.2　8点与4点无用信号遮罩 ··· 222

　9.3　差异类遮罩特效 ················ 223

　　　9.3.1　Alpha调整 ················ 223

　　　9.3.2　亮度键 ··················· 224

　　　9.3.3　图像遮罩键 ··············· 225

　　　9.3.4　差异遮罩 ················· 226

　　　9.3.5　轨道遮罩键 ··············· 227

　9.4　颜色类遮罩特效 ················ 228

　　　9.4.1　蓝屏键与非红色键 ······· 228

　　　9.4.2　颜色键 ··················· 229

　　　9.4.3　色度键与RGB差异键 ····· 230

　9.5　课堂练习：制作望远镜画面效果 ··· 231

　9.6　课堂练习：夕阳中的白塔 ······· 233

　9.7　思考与练习 ······················ 237

第10章　音频混合 ················ 239

　10.1　Premiere Pro CS6与音频

　　　　混合基础 ····················· 240

　　　10.1.1　音频概述 ················ 240

　　　10.1.2　音频信号的数字化

　　　　　　　处理技术 ·············· 241

　　　10.1.3　调音台概述 ············· 242

　10.2　音频添加与处理 ··············· 245

　　　10.2.1　添加音频 ··············· 245

　　　10.2.2　在时间轴中编辑音频 ···· 246

　　　10.2.3　声道映射 ··············· 249

　　　10.2.4　增益、淡化和均衡 ······ 251

　10.3　音频转场与音频效果 ·········· 253

　　　10.3.1　音频转场概述 ·········· 253

　　　10.3.2　音频效果概述 ·········· 254

　10.4　高级混音技巧 ················· 257

　　　10.4.1　自动化控制 ············· 257

　　　10.4.2　创建子混音轨道 ········ 258

　　　10.4.3　混合音频 ··············· 259

　10.5　在调音台中编辑音频 ·········· 260

　　　10.5.1　摇动和平衡 ············· 260

　　　10.5.2　创建特殊效果 ·········· 262

　10.6　课堂练习：超重低音效果 ······ 263

　10.7　课堂练习：制作回声效果 ······ 265

　10.8　课堂练习：制作双音效果 ······ 267

　10.9　思考与练习 ···················· 269

第11章　输出影片剪辑 ············ 271

　11.1　影片输出设置 ················· 272

　　　11.1.1　影片输出的基本流程 ···· 272

　　　11.1.2　选择视频文件输出格式

　　　　　　　与输出方案 ·········· 273

　11.2　设置常见视频格式的输出参数 ··· 274

　　　11.2.1　输出AVI文件 ··········· 274

　　　11.2.2　输出WMV文件 ········· 274

　　　11.2.3　输出MPEG文件 ········ 275

　11.3　导出为交换文件 ··············· 276

　　　11.3.1　输出EDL文件 ·········· 276

　　　11.3.2　输出OMF文件 ·········· 277

　11.4　课堂练习：输出视频文件 ······ 277

　11.5　课堂练习：输出定格效果 ······ 279

11.6　思考与练习 ················· 283

第 12 章　综合实例 ················· 285

12.1　浪漫的婚礼 ················· 286
12.1.1　制作片头 ················· 286
12.1.2　制作婚礼主题 ················· 288

12.1.3　添加音乐 ················· 297
12.2　制作宝宝电子相册 ················· 298
12.2.1　百天照片制作 ················· 299
12.2.2　一周岁照片制作 ················· 302
12.2.3　整体画面修饰 ················· 303

第1章

数字视频基础知识

　　早在人类文明之初，人们便渴望获得一种将生活片段记录下来的能力，而绘画便是实现上述愿望的第一种方法。随着电影、电视等技术的相继出现和发展，使得人们将生活片段以影像资料的方式进行记录和回放的想法得以实现。美国人 E.S.鲍特更是通过剪接、编排电影胶片的方式来编辑电影，从而成为运用交叉剪辑手法为电影增加戏剧效果的第一位导演，"影像编辑"的概念由此产生。

　　时至今日，视频编辑技术经过多年的发展，已经由起初直接剪切胶片的形式发展到借助计算机进行数字化编辑的阶段。然而，无论是通过怎样的方式编辑视频，其实质都是组接视频片段的过程。本章简要概述了视频编辑知识与影视制作知识。

本章学习要点：

➢ 了解数字视频的概念
➢ 非线性编辑知识
➢ 影视编辑蒙太奇

1.1 数字视频的基本概念

视频（Video）处理泛指一切将动态影像静态化后，以图像形式加以捕捉、记录、储存、传送、处理，并进行动态重现的技术。本节将对视频原理、视频色彩和数字视频等知识进行讲解。

1.1.1 模拟信号与数字信号

现如今，数字技术正以十分迅猛的速度席卷全球的视频编辑与处理领域，数字视频正逐步取代模拟视频，成为新一代视频应用的标准。那么，究竟什么是数字视频？它与传统模拟视频的差别又是什么呢？要了解这些问题，首先需要了解模拟信号与数字信号，以及两者之间的差别。

1. 模拟信号

从表现形式上来看，模拟信号由连续且不断变化的物理量来表示信息，其电信号的幅度、频率或相位都会随着时间和数值的变化而连续变化，如图 1-1 所示。模拟信号的这一特性，使得信号所受到的任何干扰都会造成信号失真。长期以来的应用实践也证明，模拟信号会在复制或传输过程中，不断衰减，并混入噪波，从而使其保真度大幅降低。

提 示

在模拟通信中，为了提高信噪比，需要在信号传输过程中及时对衰减的信号进行放大。这就使得，信号在传输时所叠加的噪声（不可避免）也会被同时放大。随着传输距离的增加，噪声累积越来越多，导致传输质量严重恶化。

图 1-1　模拟信号示意图

2. 数字信号

与模拟信号不同的是，数字信号的波形幅值被限制在有限的数值之内，因此其抗干扰能力强。除此之外，数字信号还具有便于存储、处理和交换，以及安全性高（便于加密）和相应设备易于实现集成化、微型化等优点，其信号波形如图 1-2 所示。

图 1-2　二进制数字信号波形示意图

3. 数字视频的本质

在对模拟信号与数字信号有了一定的了解后，数字视频的概念便很容易解释了。简单地说，使用数字信号来记录、传输、编辑和修改的视频数据，即称为数字视频。

1.1.2 帧速率和场

帧、场和扫描方式这些词汇都是视频编辑中常常出现的专业术语，它们之间的共同点是都与视频播放息息相关。接下来，本节便将逐一对这些专业术语，以及与其相关的知识进行讲解。

1. 帧

视频是由一幅幅静态画面所组成的图像序列，而组成视频的每一幅静态图像称为"帧"。也就是说，帧是视频（包含动画）内的单幅影像画面，相当于电影胶片上的每一格影像，以往人们常常说的"逐帧播放"指的就是逐幅画面的视频，如图 1-3 所示。

图 1-3 逐帧播放动画片段

在播放视频的过程中，播放效果的流畅程度取决于静态图像在单位时间内的播放数量，即"帧速率"，其单位为 fps（帧/秒）。目前，电影画面的帧速率为 24fps，而电视画面的帧速率则为 25fps 或 30fps。

2. 隔行扫描与逐行扫描

扫描方式是指电视机在播放视频画面时采用的播放方式。我们知道，电视机的显像原理是通过电子枪发射高速电子来扫描显像管，并最终使显像管上的荧光粉发光成像。在这一过程中，电子枪扫描图像的方法分为两种：隔行扫描方式与逐行扫描方式。

电视机在工作时，电子枪会不断地快速发射电子，而这些电子在撞击显像管后便会引起显像管内壁的荧光粉发光。在"视觉滞留"现象与电子持续不断撞击显像管的共同作用下，发光的荧光粉就会在人眼视网膜上组成一幅幅图像。

❑ 隔行扫描

隔行扫描是指电子枪首先扫描图像的奇数行（或偶数行），当图像内所有的奇数行（或偶数行）全部扫描完成后，再使用相同方法逐次扫描偶数行（或奇数行），如图 1-4 所示。

❑ 逐行扫描

顾名思义，逐行扫描便是在显示图像的过程中，采用每行图像依次扫描的方法来播放视频画面，如图 1-5 所示。

早期由于技术的原因，逐行扫描整幅图像的时间要大于荧光粉从发光至衰减所消耗的时间，因此会造成人眼的视觉闪烁感。在不得已的情况下，只好采用一种折中的方法，即隔行扫描。由于视觉滞留现象，人眼并不会注意到图像每次只显示一半，因此很好地解决了视频画面的闪烁问题。

然而，随着显示技术的不断增强，逐行扫描会引起视觉不适的问题已经解决。此外由于逐行扫描的显示质量要优于隔行扫描，因此隔行扫描技术已被逐渐淘汰。

◗ 图 1-4　隔行扫描示意图

3. 场

在采用隔行扫描方式进行播放的显示设

◗ 图 1-5　逐行扫描示意图

备中，每一帧画面都会被拆分开进行显示，而拆分后得到的残缺画面即称为"场"。也就是说，视频画面播放为 30fps 的显示设备，实质上每秒需要播放 60 场画面。而对于 25fps 的显示设备来说，其每秒需要播放 50 场画面。

在这一过程中，一幅画面内被首先显示的场被称为"上场"，紧随其后进行播放的、组成该画面的另一场则被称为"下场"。

"场"的概念仅适用于采用隔行扫描方式进行播放的显示设备（如电视机），对于采用胶片进行播放的显像设备（胶片放映机）来说，由于其显像原理与电视机类产品完全不同，因此不会出现任何与"场"相关的内容。

需要指出的是，通常人们会误认为上场画面与下场画面由同一帧拆分而来。事实上，DV 摄像机采用的是一种类似于隔行扫描的拍摄方式。也就是说，摄像机每次拍摄到的都是依次采集到的上场或下场画面。例如，在一个每秒采集 50 场画面的摄像机中，第 123 行和 125 行的采集是在第 122 行和 124 行采集完成大约 1/50 秒后进行。因此，将上场画面和下场画面简单地拼合在一起时，所拍摄物体的运动往往会造成两场画面无法完美拼合。

1.1.3 分辨率和像素宽高比

分辨率和像素都是影响视频质量的重要因素，与视频的播放效果有着密切联系。接下来，本节便将针对该方面的各项知识进行介绍，使用户能够更清楚地认识和了解视频。

1. 像素与分辨率

在电视机、计算机显示器及其他相类似的显示设备中，像素是组成图像的最小单位，而每个像素则由多个（通常为 3 个）不同颜色（通常为红、绿、蓝）的点组成，如图 1-6 所示。至于分辨率，则是指屏幕上像素的数量，通常用"水平方向像素数量×垂直方向像素数量"的方式来表示，如 720×480、720×576 等。

> **提 示**
>
> 显示设备通过调整像素内不同颜色点之间的强弱比例，来控制该像素点的最终颜色。理论上，通过对红、绿、蓝 3 个不同颜色因子的控制，像素点可显示出任何色彩。

像素与分辨率对视频质量的正面影响在于，每幅视频画面的分辨

图 1-6 显示设备表面的像素分布与分布结构示意图

率越大、像素数量越多，整个视频的清晰度也就越高。这是因为，一个像素在同一时间内只能显示一种颜色，因此在画面尺寸相同的情况下，拥有较大分辨率（像素数量多）图像的显示效果也就越为细腻，相应的影像也就越为清晰；反之，视频画面便会模糊不清，如图 1-7 所示。

图 1-7 分辨率不同时的画面显示效果

在实际应用中，视频画面的分辨率会受到录像设备和播放设备的限制。例如，在传统电视机中，视频画面的垂直分辨率表现为每帧图像中水平扫描线的数量，即电子束穿越荧屏的次数。至于水平分辨率，则取决于录像设备、播放设备和显示设备。例如，老式VHS格式录像带的水平分辨率为250线，而DVD的水平分辨率则为500线。

2．帧宽高比与像素宽高比

帧宽比即视频画面的长宽比例，目前电视画面的宽高比通常为4∶3，电影则为16∶9，如图1-8所示。像素长宽比，是指视频画面内每个像素的长宽比，具体比例由视频所采用的视频标准所决定。

图1-8　不同宽高比的视频画面

不同的显示设备在播放视频画面时的像素宽高比也有所差别，因此当某一显示设备在播放与其像素宽高比不同的视频时，就必须对图像进行矫正操作。否则，视频画面的播放效果便较原效果会产生一定的变形，如图1-9所示。

一般来说，计算机显示器使用正方形像素来显示图像，而电视机等视频播放设备则使用矩形像素进行显示。

1.1.4　视频色彩系统

图1-9　因像素宽高比不匹配而造成的画面变形

色彩本身没有情感，但它们却会对人们的心理感产生一定的影响。例如，红、橙、黄等暖色调往往会使人联想到阳光、火焰等，给人以炽热、向上的感觉，而青、蓝、蓝绿、蓝紫等冷色调则会使人联想到水、冰、夜色等，给人以凉爽、宁静、平和的感觉，如图1-10所示。

在实际拍摄及视频编辑的过程中，尽管每个画面内都可能包含多种不同色彩，但总会有一种色彩占据画面主导地位，成为画面色彩的基调。因此，在操作时应根据需要来突出或淡化、转移该色彩对表现效果的影响。例如，在中国传统婚庆场面中，便应当着重突现红色元素，以烘托婚礼中的喜庆气氛，如图 1-11 所示。

图 1-10　冷暖色调分类示意图

1.1.5　视频压缩

数字视频压缩技术是指按照某种特定算法，采用特殊记录方式来保存数字视频信号的技术。目前，使用较多的数字视频压缩技术有MPEG 系列技术和 H.26X 系列技术，下面对其分别进行介绍。

1. MPEG

MPEG（Moving Pictures Experts Group，动态图像专家组）标准是由 ISO（International Organization for Standardization，国际标准化组

图 1-11　中国传统婚庆场面

织）所制定并发布的视频、音频、数据压缩技术，目前共由 MPEG-1、MPEG-2、MPEG-4、MPEG-7 及 MPEG-21 等多个不同版本。其中，MPEG 标准的视频压缩编码技术利用了具有运动补偿的帧间压缩编码技术以减小时间冗余度，利用 DCT 技术以减小图像空间冗余度，并在数据表示上解决了统计冗余度的问题，因此极大地增强了视频数据的压缩性能，为存储高清晰度的视频数据奠定了坚实的基础。

❑ **MPEG-1**

MPEG-1 是专为 CD 光盘所定制的一种视频和音频压缩格式，采用了块方式的运动补偿、离散余弦变换（DCT）、量化等技术，其传输速率可达 1.5Mbps。MPEG-1 的特点是随机访问、拥有灵活的帧率、运动补偿可跨越多个帧等；不足之处在于，压缩比还不够大，且图像质量较差，最大清晰度仅为 352×288。

❑ **MPEG-2**

MPEG-2 制定于 1994 年，其设计目的是为了提高视频数据传输率。MPEG-2 能够提供 3~10Mbps 的数据传输率，在 NTSC 制式下可流畅输出 720×486 分辨率的画面。

❑ **MPEG-4**

与 MPEG-1 和 MPEG-2 相比，MPEG-4 不再只是一种具体的数据压缩算法，而是一

种为满足数字电视、交互式绘图应用、交互式多媒体等多方面内容整合及压缩需求而制定的国际标准。MPEG-4 标准将众多的多媒体应用集成于一个完整框架内，旨在为多媒体通信及应用环境提供标准的算法和工具，从而建立起一种能够被多媒体传输、存储、检索等应用领域普遍采用的统一数据格式。

2. H.26X

H.26X 系列压缩技术是由 ITU（国际电传视讯联盟）所主导，旨在使用较少的带度传输较多的视频数据，以便用户获得更为清晰的高质量视频画面。

❑ H.263

H.263 是国际电联 ITU-T 专为低码流通信而设计的视频压缩标准，其编码算法与之前版本的 H.261 相同，但在低码率下能够提供较 H.261 更好的图像质量，两者之间存在如下差别。

- ➢ H.263 的运动补偿使用半像素精度，而 H.261 则用全像素精度和循环滤波。
- ➢ 数据流层次结构的某些部分在 H.263 中是可选的，使得编解码可以拥有更低的数据率或更好的纠错能力。
- ➢ H.263 包含四个可协商的选项以改善性能。
- ➢ H.263 采用无限制的运动向量和基于语法的算术编码。
- ➢ 采用事先预测和与 MPEG 中的 P-B 帧一样的帧预测方法。
- ➢ H.263 支持更多的分辨率标准。

此后，ITU-T 又于 1998 年推出了 H.263+（即 H.263 第 2 版），该版本进一步提高了压缩编码性能，并增强了视频信息在易误码、易丢包异构网络环境下的传输。由于这些特性，使得 H.263 压缩技术很快取代了 H.261，成为主流视频压缩技术之一。

❑ H.264

H.264 是目前 H.26X 系列标准中最新版本的压缩技术，其目的是为了解决高清数字视频体积过大的问题。H.264 由 MPEG 组织和 ITU-T 联合推出，因此它就是 ITU-T 的 H.264，又是 MPEG-4 的第 10 部分，因此无论是 MPEG-4 AVC、MPEG-4 Part 10，还是 ISO/IEC 14496-10，实质上与 H.264 都完全相同。

与 H.263 及以往的 MPEG-4 相比，H.264 最大的优势在于拥有很高的数据压缩比率。在同等图像质量条件下，H.264 的压缩比是 MPEG-2 的 2 倍以上，是原有 MPEG-4 的 1.5~2 倍。这样一来，观看 H.264 数字视频将大大节省用户的下载时间和数据流量费用。

1.2 数字视频应用理论基础

现如今，数字技术正以迅猛的发展速度席卷全球的视频编辑与处理领域，数字视频开始取代模拟视频，并逐渐成为新一代的视频应用标准。

1.2.1 电视制式

在电视系统中，发送端将视频信息以电信号形式进行发送，电视制式便是在其间实现图像、伴音及其他信号正常传输与重现的方法与技术标准，因此也称为电视标准。电视制式的出现，保证了电视机、视频及视频播放设备之间所用标准的统一或兼容，为电视行业的发展作出了极大的贡献。目前，应用最为广泛的彩色电视制式主要有 3 种类型，下面对其分别进行介绍。

1. NTSC 制式

NTSC 制式由美国国家电视标准委员会（National Television System Committee）制定，主要应用于美国、加拿大、日本、韩国、菲律宾，以及中国台湾等国家和地区。由于采用了正交平衡调幅的技术方式，因此 NTSC 制式也称为正交平衡调幅制电视信号标准，优点是视频播出端的接收电路较为简单。不过，由于 NTSC 制式存在相位容易失真、色彩不太稳定（易偏色）等缺点，因而此类电视都会提供一个手动控制的色调电路供用户选择使用。

符合 NTSC 制式的视频播放设备至少拥有 525 行扫描线，分辨率为 720×480 电视线，工作时采用隔行扫描方式进行播放，帧速率为 29.97fps，因此每秒约播放 60 场画面。

2. PAL 制式

PAL 制式是由前联邦德国在 NTSC 制式基础上研制出来的一种改进方案，其目的主要是为了克服 NTSC 制式对相位失真的敏感性。PAL 制式的原理是将电视信号内的将两个色差信号分别采用逐行倒相和正交调制的方法进行传送。这样一来，当信号在传输过程中出现相位失真时，便会由于相邻两行信号的相位相反而起到互相补偿作用，从而有效地克服了因相位失真而引起的色彩变化。此外，PAL 制式在传输时受多径接收而出现彩色重影的影响也较小。不过，PAL 制式的编/解码器较 NTSC 制式的相应设备要复杂许多，信号处理也较麻烦，接收设备的造价也较高。

PAL 制式也采用了隔行扫描的方式进行播放，共有 625 行扫描线，分辨率为 720×576 电视线，帧速度为 25fps。目前，PAL 彩色电视制式广泛应用于德国、中国、英国、意大利等国家。然而即便采用的都是 PAL 制，不同国家的 PAL 制式电视信号也有一定的差别。例如，中国采用的是 PAL-D 制式，但英国、中国香港地区、中国澳门地区使用的是 PAL-I 制式，新加坡使用的是 PAL-B/G 或 D/K 制式等。

3. SECAM 制式

SECAM 是法文的缩写，意为"顺序传送彩色信号与存储恢复彩色信号制"，是由法国在 1966 年制定的一种彩色电视制式。与 PAL 制式相同的是，该制式也克服了 NTSC 制式相位易失真的缺点，但在色度信号的传输与调制方式上却与前两者有着较大差别。总体来说，SECAM 制式的特点是彩色效果好、抗干扰能力强，但兼容性相对较差。

在使用中，SECAM 制式同样采用了隔行扫描的方式进行播放，共有 625 行扫描线，分辨率 720×576 电视线，帧速率则与 PAL 制式相同。目前，该制式主要应用于俄罗斯、法国、埃及、罗马尼亚等国家。

1.2.2 高清的概念

近年来，随着视频设备制造技术、存储技术及用户需求的不断提高，"高清数字电视"、"高清电影/电视"等概念逐渐流行起来。然而，什么是高清及高清能够为用户带来怎样的好处却不是每个人都非常了解的，下文将介绍部分与"高清"相关的名词与术语等内容。

1. 高清的概念

高清，是人们针对视频画质而提出的一个名词，英文为"High Definition"，意为"高分辨率"。视频画面的分辨率越高，画面也就越为清晰，因此"高清"代表的便是高清晰度、高画质的视觉享受。

目前，将视频从画面清晰度来界定的话，大致可分为"普通清晰度"、"标准清晰度"和"高清晰度" 3 种层次，各部分的标准参数如表 1-1 所示。

表 1-1 视频画面清晰度分级参数详解

项目名称	普通视频	标清视频	高清视频
垂直分辨率	400i	720p 或 1080i	1080p
播出设备类型	LDTV 普通清晰度电视	SDTV 标准清晰度电视	HDTV 高清晰度电视
播出设备参数	480 条垂直扫描线	720~1080 条可见垂直扫描线	1080 条可见垂直扫描线
部分产品	DVD 视频盘等	HD DVD、Blu-ray 视频盘等	HD DVD、Blu-ray 视频盘等

提 示

目前，人们在描述视频分辨率时，通常都会在分辨率乘法表达式后添加 p 或 i 的标识，以表明视频在播放时会采用逐行扫描（p）还是隔行扫描（i）。

2. 高清电视

高清电视，又叫"HDTV"，是由美国电影电视工程师协会确定的高清晰度电视标准格式。一般所说的高清，通常指的就是高清电视。目前，常见的电视播放格式主要有以下几种。

❑ **D1** 480i 格式，与 NTSC 模拟电视清晰度相同，525 条垂直扫描线，480 条可见垂直扫描线，帧宽高比为 4：3 或 16：9，隔行/60Hz，行频为 15.25KHz。

❑ **D2** 480p 格式，与逐行扫描 DVD 规格相同，525 条垂直扫描线，480 条可见垂直扫描线，帧宽高比为 4：3 或 16：9，分辨率为 640×480，逐行/60Hz，行频为 31.5KHz。

❑ **D3** 1080i 格式，是标准数字电视显示模式，1125 条垂直扫描线，1080 条可见垂直扫描线，帧宽高比为 16：9，分辨率为 1920×1080，隔行/60Hz，行频为 33.75KHz。

❑ **D4** 720p 格式，是标准数字电视显示模式，750 条垂直扫描线，720 条可见垂直扫描线，帧宽高比为 16∶9，分辨率为 1280×720，逐行/60Hz，行频为 45KHz。

❏ **D5** 1080p 格式，是标准数字电视显示模式，1125 条垂直扫描线，1080 条可见垂直扫描线，帧宽高比为 16∶9，分辨率为 1920×1080 逐行扫描，专业格式。

❏ **其他** 此外还有 576i，是标准的 PAL 电视显示模式，625 条垂直扫描线，576 条可见垂直扫描线，帧宽高比为 4∶3 或 16∶9，隔行/50Hz，记为 576i 或 625i。

其中，所有能够达到 D3/4/5 播放标准的电视机，都可纳入"高清电视"的范畴。不过，只支持 D3 或 D4 标准的产品只能算作"标清"设备，而只有达到 D5 播出标准的产品才能称为"全高清（Full HD）"设备。

提　示

行频也称水平扫描率，是指电子枪每秒在荧光屏上扫描水平线的数量，以 KHz 为单位，属于显示设备的固定工作参数。显示设备的行频越大，其工作越为稳定。

1.3　数字视频编辑基础

现阶段，人们在使用影像录制设备获取视频后，通常还要对其进行剪切、重新编排等一系列处理，然后才会将其用于播出。在上述过程中，对源视频进行的剪切、编排及其他操作统称为视频编辑操作，而当用户以数字方式来完成这一任务时，整个过程便称为数字视频编辑。

1.3.1　线性编辑与非性线编辑

在电影电视的发展过程中，视频节目的制作先后经历了"物理剪辑"、"电子编辑"和"数字编辑" 3 个不同发展阶段，其编辑方式也先后出现了线性编辑和非线性编辑。接下来，便将分别介绍这两种不同的视频编辑方式。

1. 线性编辑

线性编辑是一种按照播出节目的需求，利用电子手段对原始素材磁带进行顺序剪接处理，从而形成新的连续画面的技术。在线性编辑系统中，工作人员通常使用组合编辑手段将素材磁带顺序编辑后，以插入编辑片段的方式对某一段视频画面进行同样长度的替换。因此，当人们需要删除、缩短或加长磁带内的某一视频片段时，线性编辑便无能为力了。

在以磁带为存储介质的"电子编辑"阶段，线性编辑是一种最为常用且重要的视频编辑方式，其特点如下。

❏ 技术成熟，操作简便

线性编辑所使用的设备主要有编辑放像机和编辑录像机，但根据节目需求还会用到多种编辑设备。不过，由于在进行线性编辑时可以直接、直观地对素材录像带进行操作，因此整体操作较为简单。

❏ 编辑过程烦琐，只能按时间顺序进行编辑

在线性编辑过程中，素材的搜索和录制都必须按时间顺序进行，编辑时只有完成前

一段编辑后，才能开始编辑下一段。

为了寻找合适素材，工作人员需要在录制过程中反复地前卷和后卷素材磁带，这样不但浪费时间，还会对磁头、磁带造成一定的磨损。重要的是，如果要在已经编辑好的节目中插入、修改或删除素材，都要受到预留时间、长度的严格限制，无形中给节目的编辑增加了许多麻烦，同时还会造成资金的浪费。最终的结果便是，如果不花费一定的时间，很难制作出艺术性强、加工精美的电视节目。

❑ **线性编辑系统所需设备较多**

在一套完整的线性编辑系统中，所要用到的编辑设备包括编辑放映机、编辑录像机、摇控器、字幕机、特技器、时基校正器等设备。要全套购买这些设备，不仅投资较高，而且设备间的连线多、故障率也较高，同时出现故障后的维修过程也较为复杂。

> **提示**
>
> 在线性视频编辑系统中，各设备间的连线分为视频线、音频线和控制线 3 种类型。

2. 非线性编辑

进入 20 世纪 90 年代后，随着计算机软件和硬件技术的发展，计算机在图形图像处理方面的技术逐渐增强，应用范围也覆盖至广播电视的各个领域。随后，出现了以计算机为中心，利用数字技术编辑视频节目的方式，非线性视频编辑由此诞生。

从狭义上讲，非线性编辑是指剪切、复制和粘贴素材时无须在存储介质上对其进行重新安排的视频编辑方式。从广义上讲，非线性编辑是指在编辑视频的同时，还能实现诸多处理效果，如添加视觉特技、更改视觉效果等。

与线性编辑相比，非线性编辑的特点主要集中体现在以下方面。

❑ **素材浏览**

在查看素材时，不仅可以瞬间开始播放，还可以使用不同速度进行播放，或实现逐幅播放、反向播放等。

❑ **编辑点定位**

在确定编辑点时，用户既可以手动操作进行粗略定位，也可以使用时码精确定位编辑点。由于不再需要花费大量时间来搜索磁带，因此大大地提高了编辑效率，如图 1-12 所示。

❑ **调整素材长度**

非线性编辑允许用户随时调整素材长度，并可通过时码标记实现精确编辑。此外，非线性编辑方式还吸取了电影剪接时简便直观的优点，允许用户参考编辑点前后的画面，以便直接进行手工剪辑。

图 1-12　视频编辑素材上的各种标记

❑ **素材的组接**

在非线性编辑系统中，各段素材间的相互位置可随意调整。因此，用户可以在任何时候删除节目中的一个或多个片段，或向节目中的任意位置插入一段新的素材。

❑ **素材的复制和重复使用**

在非线性编辑系统中，由于用到的所有素材全都以数字格式进行存储，因此在复制素材时不会引起画面质量的下降。此外，同一段素材可以在一个或多个节目中反复使用，而且无论使用多少次，都不会影响画面质量。

❑ **便捷的特效制作功能**

在非线性编辑系统中制作特技时，通常可以在调整特技参数的同时观察特技对画面的影响，如图 1-13 所示。此外，根据节目需求，人们可随时扩充和升级软件的特效模块，从而方便地增加新的特技功能。

提示

> 非线性编辑系统中的特技效果独立于素材出现。也就是说，用户不仅可以随时为素材添加某种特殊效果，还可随时去除该效果，将素材还原。

❑ **声音编辑**

基于计算机的非线性编辑系统能够方便地从 CD 唱盘、MIDI 文件中采集音频素材。并且，在使用编辑软件进行多轨声音的合成时，也不会受到总音轨数量的限制。

图 1-13 轻松制作特技效果

❑ **动画制作与合成**

由于非线性编辑系统的出现，动画的逐帧录制设备已被淘汰。非线性编辑系统除了可以实时录制动画以外，还能够通过抠像的方法实现动画与实拍画面的合成，极大地丰富了影视节目制作的手段，如图 1-14 所示。

图 1-14 由动画明星和真实人物共同"拍摄"的电影

1.3.2　非线性编辑系统的构成

非线性编辑的实现，要靠软件与硬件两者的共同支持，而两者的组合，称为非线性编辑系统。目前，一套完整的非线性编辑系统，其硬件部分至少应包括一台多媒体计算机，此外还需要视频卡、IEEE 1394 卡，以及其他专用板卡（如特技卡）和外围设备，如图 1-15 所示。

其中，视频卡用于采集和输出模拟视频，也就是担负着模拟视频与数字视频之间相互转换的功能，如图 1-16 即为一款视频卡。

图 1-15 非线性编辑系统中的部分硬件设备

从软件上看，非线性编辑系统主要由非线性编辑软件、二维动画软件、三维动画软件、图像处理软件和音频处理软件等外围软件构成。

1.3.3 非线性编辑的工作流程

图 1-16 非线性编辑系统中的视频卡

无论是在哪种非线性编辑系统中，其视频编辑工作流程都可以简单地分为输入、编辑和输出 3 个步骤。当然，由于不同非线性编辑软件在功能上的差异，上述步骤还可进一步的细化。接下来，我们将以 Premiere Pro 为例，简单介绍非线性编辑视频时的整个工作流程。

1. 素材采集与输入

素材是视频节目的基础，因此收集、整理素材后将其导入编辑系统是正式编辑视频节目前的首要工作。利用 Premiere Pro 的素材采集功能，用户可以方便地将磁带或其他存储介质上的模拟音/视频信号转换为数字信号后存储在计算机中，并将其导入至编辑项目，使其成为可以处理的素材。

除此之外，Premiere Pro 还可以将其他软件处理过的图像、声音等素材直接纳入到当前的非线性编辑系统中，并将上述素材应用于视频编辑的过程中。

2. 素材编辑

多数情况下，并不是素材中的所有部分都会出现在编辑完成的视频中。很多时候，视频编辑人员需要使用剪切、复制、粘贴等方法，选择素材内最合适的部分，然后按一定顺序将不同素材组接成一段完整视频，而上述操作便是编辑素材的过程。如图 1-17 所示，即为视频编辑人员在对部分素材进行编辑时的工作截图。

3. 特技处理

由于拍摄手段与技术及其他原因的限制，

图 1-17 编辑素材中的工作截图

很多时候人们都无法直接得到所需要的画面效果。例如，在含有航空镜头的影片中，很多镜头就无法通过常规方法来获取。此时，视频编辑人员需要通过特技处理的方式，来向观众呈现此类很难拍摄或根本无法拍摄到的画面效果，如图 1-18 所示。

4. 添加字幕

字幕是影视节目的重要组成部分，Premiere Pro 拥有强大的字幕制作功能，操作也极其简便。除此之外，Premiere Pro 还内置了大量的字幕模板，大部分情况下用户只需借助字幕模板，便可以获得令人满意的字幕效果，如图 1-19 所示。

5. 输出影片

视频节目在编辑完成后，就可以输出回录到录像带上。当然，根据需要也可以将其输出为视频文件，以便发布到网络上，或者直接刻录成 VCD 光盘、DVD 光盘等，如图 1-20 所示，为输出为视频文件。

图 1-18　视频中的合成效果

图 1-19　**Premiere** 内置的字幕模板

图 1-20　将编辑项目输出为视频

1.4　影视创作理论基础

对于一名影视节目编辑人员来说，除了需要熟练掌握视频编辑软件的操作方法外，还应当掌握一定的影视创作基础知识，从而能够更好地进行影视节目的编辑工作。

1.4.1　蒙太奇与影视剪辑

蒙太奇是法文 montage 的译音，意为文学、音乐与美术的组合体，原本属于建筑学用语，用来表现装配或安装等。在电影创作过程中，蒙太奇是导演向观众展示影片内容的叙述手法和表现手段。

1. 蒙太奇的含义

在视频编辑领域，蒙太奇的含义存在狭义和广义之分。其中，狭义的蒙太奇专指对镜头画面、声音、色彩等诸元素编排、组合的手段。也就是说，在后期制作过程中，须将各种素材按照某种意图进行排列，从而使之构成一部完整的影视作品。由此可见，蒙太奇是将摄影机拍摄下来的镜头，按照生活逻辑、推理顺序、作者的观点倾向及其美学原则联结起来的手段，是影视语言符号系统中的一种修辞手法。

从广义上来看，蒙太奇不仅仅包含后期视频编辑时的镜头组接，还包含影视剧作从开始到完成的整个过程中，创作者们的一种艺术思维方式。

提 示

从硬件方面来说，镜头是照相机、摄像机及其他拥有类似设备上的组成部件。如果从视频编辑领域来看，镜头则是一组连续的视频画面。

2. 蒙太奇的功能

在现代影视作品中，一部影片通常由 500～1000 个左右的镜头组成。每个镜头的画面内容、运动形式，以及画面与音响组合的方式，都包含着蒙太奇因素。可以说，一部影片从拍摄镜头时就已经在使用蒙太奇了，蒙太奇的作用主要体现在以下几个方面。

❑ **概括与集中**

通过镜头、场景、段落的分切与组接，可以对素材进行选择和取舍，选取并保留主要的、本质的部分，省略烦琐、多余的部分。这样一来，就可以突出画面重点，从而强调特征显著且富有表现力的细节，达到高度概括和集中画面内容的目的，如图 1-21 所示。

❑ **吸引观众的注意力，激发观众的联想**

在编排影视节目之前，视频素材中的每个独立镜头都无法向人们表达出完整的寓意。然

图1-21 以逐渐放大的方式突出主体

而，通过蒙太奇手法将这些镜头进行组接后，便能够达到引导观众注意力、影响观众情绪与心理，并激发观众丰富想象力的目的。这样一来，便使得原本无意义的镜头成为观众更好理解影片的工具，此外还能够激发观众的参与心理，形成主客体间的共同"创造"。

提 示

制造悬念便是蒙太奇思想的一种具体表现，也是当代影视作品吸引观众注意力、激发观众联想的常用方法。

❑ **创造独特的画面时间**

通过对镜头的组接，运用蒙太奇的方法可以对影片中的时间和空间进行任意的选择、组织、加工和改造，从而形成独特的表述元素——画面时空。与早期的影视作品相比，画面时空的运用使得影片的表现领域变得更为广阔，素材的选择取舍也异常灵活，因此更适于表现丰富多彩的现实生活。

❑ 形成不同的节奏

节奏是情节发展的脉搏，是画面表现形式与内容是否统一的重要表现，也是对画面情感和气氛的一种修饰和补充。它不仅关系到镜头造型，还涉及影片长度与分配问题，因此其发展过程不仅要根据剧情的进展来确定，还要根据拍摄对象的运动速度和摄像机的运动方式来确定。

在后期编辑过程中，蒙太奇正是通过对镜头的造型形式、运动形式，以及影片长度的控制，实现画面表现形式与内容的密切配合，从而使画面在观众心中留下深刻印象。可以看出，人们不仅可以利用蒙太奇来增强画面的节奏感，还可将自己（创作者）的思想融入到故事中去，从而创造或改变画面节奏。

❑ 表达寓意，创造意境

在对镜头进行分切和组接的过程中，蒙太奇可以利用多个镜头间的相互作用产生新的含义，产生一种单个画面或声音所无法表述的思想内容。这样一来，创作者便可以方便地利用蒙太奇来表达抽象概念、特定寓意，或创造出特定的意境，如图1-22所示。

图1-22 多镜头效果

1.4.2 组接镜头的基础知识

无论是什么类型的影视作品，结构上都是将一系列镜头按一定次序组接后所形成。然而，这些镜头之所以能够延续下来，并以一个完整融合的统一体为观众所接受，是因为这些镜头间的发展和变化秉承了一定的规律。因此，在应用蒙太奇思想组接镜头之前，还需要了解一些镜头组接时的规律与技巧。

1. 镜头组接规律

为了清楚地向观众传达某种思想或信息，组接镜头时必须遵循一定的规律，归纳后可分为以下几点。

❑ 符合观众的思想方式与影片表现规律

镜头的组接必须要符合生活与思维的逻辑关系。如果影片没有按照上述原则进行编排，必然会由于逻辑关系的颠倒，使观众难以理解和接受。

❑ 景物的变化要采用"循序渐进"的方法

通常来说，一个场景内"景"的发展不宜过分剧烈，否则便不易与其他镜头进行组接。相反，如果"景"的变化不大，同时拍摄角度的变换也不大，也不利与同其他镜头的组接。

例如，在编排同一机位、同景物，恰巧又是同一主体的两个镜头时，由于画面内景物的变化较小，因此将两镜头简单组接后会给人一种镜头不停重复的感觉。在这种情况下，除了重新进行拍摄外，还可以采用过渡镜头，使表演者的位置、动作发生变化后再进行组接。

综上所述，在拍摄时"景"的发展变化需要采取循序渐进的方法，并通过渐进式地变换不同视觉距离进行拍摄，以便各镜头间的顺利连接。在应用这一技巧的过程中，人们逐渐发现并总结出一些典型的组接句型，如表 1-2 所示。

表1-2　镜头组接句型介绍

名　　称	含　　义
前进式句型	该叙述句型是指景物由远景、全景向近景、特写过渡的方法，多用来表现由低沉到高昂向上的情绪或剧情的发展
后退式句型	该叙述句型是由近到远，表示由高昂到低沉、压抑的情绪，在影片中的表现为从细节画面扩展到全景画面的过程
环行句型	这是一种将前进式和后退式句型结合使用的方式。在拍摄时，通常会在全景、中景、近景、特写依次转换完成后，再由特写依次向近景、中景、远景进行转换。在思想上，该句型可用于展现情绪由低沉到高昂，再由高昂转向低沉的过程

❏ **镜头组接中的拍摄方向与轴线规律**

所谓"轴线规律"，是指在多个镜头中，拍摄机的位置应始终位于主体运动轴线的同一线，以保证不同镜头内的主体在运动时能够保持一致的运动方向。否则，在组接镜头时，便会出现主体"撞车"的现象，此时的两组镜头便互为跳轴画面。在视频的后期编辑过程中，跳轴画面除了特殊需要外基本无法与其他镜头相组接。

❏ **遵循"动接动"、"静接静"的原则**

当两个镜头内的主体始终处于运动状态，且动作较为连贯时，可以将动作与动作组接在一起，从而达到顺畅过渡、简洁过渡的目的，该组接方法称为"动接动"。

与之相应的是，如果两个镜头的主体运动不连贯，或者它们的画面之间有停顿时，则必须在前一个镜头内的主体完成一套动作后，才能与第二个镜头相组接。并且，第二个镜头必须是从静止的镜头开始，该组接方法便称为"静接静"。在"静接静"的组接过程中，前一个镜头结尾停止的片刻叫作"落幅"，后一个镜头开始时静止的片刻叫作"起幅"，起幅与落幅的时间间隔大约为 1~2 秒钟。

此外，在将运动镜头和固定镜头相互组接时，同样需要遵循这个规律。例如，一个固定镜头需要与一个摇镜头相组接时，摇镜头开始要有"起幅"；当摇镜头要与固定镜头组接时，摇镜头结束时必须要有"落幅"，否则组接后的画面便会给人一种跳动的视觉感。

提　示

摇镜头是指在拍摄时，摄影机的机位不动，只有机身作上、下、左、右的旋转等运动。在影视创作中，摇镜头可用于介绍环境、从一个被摄主体转向另一个被摄主体、表现人物运动、表现剧中人物的主观视线、表现剧中人物的内心感受等。

2．镜头组接的节奏

在一部影视作品中，作品的题材、样式、风格，以及情节的环境气氛、人物的情绪、情节的起伏跌宕等元素都是确定影片节奏的依据。然而，要想让观众能够很直观地感觉到这一节奏，不仅需要通过演员的表演、镜头的转换和运动，以及场景的时空变化等前期制作因素，还需要运用组接的手段，严格掌握镜头的尺寸、数量与顺序，并在删除多余枝节后才能完成。也就是说，镜头组接是控制影片节奏的最后一个环节。

然而在实施上述操作的过程中，影片内每个镜头的组接，都要以影片内容为出发点，并在以此为基础的前提下来调整或控制影片节奏。例如，在一个宁静祥和的环境中，如果出现了快节奏的镜头转换，往往会让观众感觉到突兀，甚至心理上难以接受，这显然并不合适。相反，在一些节奏强烈、激荡人心的场面中，如果猛然出现节奏极其舒缓的画面，便有可能冲淡画面的视觉冲击效果。

3．镜头组接的时间长度

在剪辑、组接镜头时，每个镜头停滞时间的长短，不仅要根据内容难易程度和观众的接受能力来决定，还要考虑到画面构图及画面内容等因素。例如，在处理远景、中景等包含内容较多的镜头时，需要安排相对较长的时间，以便观众看清这些画面上的内容；对于近景、特写等空间较小的画面，由于画面内容较少，因此可适当减少镜头的停留时间。

此外，画面内的一些其他因素，也会对镜头停留时间的长短起到制约作用。例如，画面内较亮的部分往往比较暗的部分更能引起人们的注意，因此在表现较亮部分时可适当减少停留时间；如果要表现较暗的部分，则应适当延长镜头的停留时间。

● 1.4.3　镜头组接蒙太奇简介

在镜头组接的过程中，蒙太奇发挥了叙事和表意两大功能，并可分为叙事蒙太奇、表现蒙太奇和理性蒙太奇 3 种基本类型。并且，在此基础上还可对其进行近一步的划分。

1．叙事蒙太奇

叙事蒙太奇的特征是以交代情节、展示事件为主旨，按照情节发展的时间流程、因果关系来分切组合镜头、场面和段落，从而引导观众理解剧情。因此，采用该蒙太奇思想组接而成的影片脉络清晰、逻辑连贯、明白易懂。

在叙事蒙太奇的应用过程中，根据具体情况的不同，还可将其分为以下几种情况。

❑ 平行蒙太奇

这种蒙太奇的表现方法是将不同时空（或同时异地）发生的两条或两条以上的情节线并列表现，虽然是分别叙述但这些情节却统一在一个完整的结构之中。因此，运用平行蒙太奇表现手法的故事镜头具有情节集中、节省篇幅、扩大影片信息量，以及增强影片节奏等优点。另外，几条线索的平行展现，也有利于情节之间的相互烘托和对比，从而增强影片的艺术感染效果。

❑ 交叉蒙太奇

交叉蒙太奇又称交替蒙太奇，是一种将同一时间、不同地域所发生的两条或数条情节线，迅速而频繁地交替组接在一起的剪辑手法。在组织的各条情节线中，其中一条情节线的变化往往影响其他情节的发展，各情节线相互依存，并最终汇合在一起。与其他手法相比，交叉蒙太奇剪辑技巧极易引起悬念，造成紧张激烈的气氛，并且能够加强矛盾冲突的尖锐性，是引导观众情绪的有力手法，多用于惊险片、恐怖片或战争题材的影片。

❑ **重复蒙太奇**

这是一种类似于文学复叙方式的影片剪辑手法，其方式是在关键时刻反复出现一些包含寓意的镜头，以达到刻画人物、深化主题的目的。

❑ **连续蒙太奇**

该类型蒙太奇的特点是沿着一条情节线索进行发展，并且会按照事件的逻辑顺序，有节奏地连续叙事，而不像平行蒙太奇或交叉蒙太奇那样同时处理多条情节线。与其他类型的剪辑方式相比，运用连续蒙太奇表现手法的故事镜头的有着叙事自然流畅、朴实平顺的特点。但是，由于缺乏时空与场面的变换，连续蒙太奇无法直接展示同时发生的情节，以及多情节内的对列关系，并且容易造成拖沓冗长、平铺直叙之感。

2．表现蒙太奇

表现蒙太奇是以镜头对列为基础，通过关联镜头在形式或内容上的相互对照、冲击，从而产生单个镜头本身所不具有的丰富含义，以表达某种情绪或思想，达到激发现众进行联想与思考的目的。

❑ **抒情蒙太奇**

这是一种在保证叙事和描写连贯性的同时，通过与剧情无关的镜头来表现人物思想和情感，以及事件发展的手法。最常见、最容易被观众所感受到的抒情蒙太奇，往往是在一段叙事场面之后，恰当地切入象征情绪和情感的其他镜头。

❑ **心理蒙太奇**

该类型的剪辑手法是进行人物心理描写的重要手段，能够通过画面镜头组接或将声画有机结合，形象而生动地展示出人物的内心世界。常用于表现人物的梦境、回忆、闪念、幻觉、遐想、思索等精神活动。这种蒙太奇在剪接技巧上多用交叉、穿插等手法，其特点是画面和声音形象的片断性、叙述的不连贯性和节奏的跳跃性，并且会在声画形象带有剧中人物强烈的主观性。

❑ **隐喻蒙太奇**

通过镜头或场面的对列进行类比，含蓄而形象地表达创作者的某种寓意。这种手法往往将不同事物之间某种相似的特征突显出来，引发观众的联想，使观众更易于领会导演拍摄的寓意和领略事件的情绪色彩。

❑ **对比蒙太奇**

类似文学中的对比描写，即通过镜头或场面之间在内容（如贫与富、苦与乐、生与死、高尚与卑下、胜利与失败等）或形式（如景别大小、色彩冷暖、声音强弱、动静等）间的强烈对比，产生相互冲突的作用，以表达创作者的某种寓意及其他思想。

3．理性蒙太奇

这是通过画面之间的思想关联，而不是单纯通过一环接一坏的连贯性叙事来表情达意的蒙太奇手法。理性蒙太奇与连贯性叙事的区别在于，即使所采用的画面属于实际经历过的事实，但这种事实所表达的总是主观印象。其中，理性蒙太奇又包括杂耍蒙太奇、反射蒙太奇和思想蒙太奇等类型。

1.4.4 声画组接蒙太奇简介

人类历史上最早出现的电影是没有声音的，画面主要是以演员的表情和动作来引发观众的联想，以及完成创作思想的传递。随后，人们通过幕后语言配合或者人工声响（如钢琴、留声机、乐队伴奏）的方式与屏幕上的画面相互结合，从而提高了声画融合的艺术效果。

随后，人们开始将声音作为影视艺术的一种表现元素，并利用录音、声电光感应胶片技术和磁带录音技术，将声音作为影视艺术的一个组成因素合并到影视节目之中。

1．影视语言

影视艺术是声音与画面艺术的结合物，两者离开其中之一都不能称为现代影视艺术。在声音元素里，包括了影视的语言因素。在影视艺术中，对语言的要求不同于其他的艺术形式，有着自己特殊的要求和规则。

❑ **语言的连贯性，声画和谐**

在影视节目中，如果把语言分解开来，会发现它不像一篇完整的文章，出现语言断续，跳跃性大，而且段落之间也不一定有严密的逻辑性。但是，如果将语言与画面相配合，就可以看出节目整体的不可分割性和严密的逻辑性。这种逻辑性表现在语言和画面不是简单的相加或合成，而是互相渗透、互相溶解、相辅相成的。

在声画组合中，有些时候是以画面为主，说明画面的抽象内涵；有些时候是以声音为主，画面只是作为形象的提示。由此可以看出，影视语言可以深化和升华主题，将形象的画面用语言表达出来；可以抽象概括画面，将具体的画面表现为抽象的概念；可以表现不同人物的性格和心态；可以衔接画面，使镜头过渡流畅；也可以将一些不必要的画面省略掉。

❑ **语言的口语化、通俗化**

影视节目面对的观众具有多层次化，除了一些特定影片外，都应该使用通俗语言。所谓的通俗语言，就是影片中使用的口头语言。如果语言出现令人费解、难懂的问题，便会给观众造成听觉上的障碍，并妨碍到视觉功能的发挥，从而直接影响观众对画面的感受和理解，当然也就不能取得良好的视听效果。

❑ **语言简练概括**

影视艺术是以画面为基础的，所以影视语言必须简明扼要，点到即止。影片应主要由画面来表达，让观众在有限的时空里展开遐想，自由想象。

❑ **语言准确贴切**

由于影视画面是展示在观众眼前的，任何细节对观众来说都是一览无余的，因此，影视语言必须相当精确。每句台词，都必须经得起观众的考验。这就不同于广播语言，即便在有些时候不够准确也能混过听众的听觉。在视听画面的影视节目前，观众既看清画面，又听声音效果，互相对照，一旦有所差别，便很容易被观众发现。

2．语言录音

影视节目中的语言录音包括对白、解说、旁白、独白、杂音等。为了提高录音效果，必须注意解说员的素质、录音技巧和录音方式。

❏ **解说员的素质**

一个合格的解说员必须充分理解稿本，对稿本的内容和重点做到心中有数，对一些比较专业的词语必须理解。在读的时候还要紧扣主题，确定语音的基调，也就是总的气氛和情调。在配音风格上要表现得爱憎分明、刚柔相济、严谨生动；在台词对白上必须符合人物形象的性格，解说的语音还要流畅、流利，不能含混不清楚。

❏ **录音**

录音在技术上要求尽量创造有利的物质条件，保证良好的音质音量，能够在专业录音棚进行。在录音的现场，要由录音师统一指挥，解说员须默契配合。在进行解说录音的时候，需要先将画面进行编辑，然后再让解说员观看后做配音。

❏ **解说的形式**

在影视节目的解说中，解说的形式多种多样，具体形式需要根据影片内容而定。不过大致上可以将其分为三类：第一人称解说、第三人称解说和第一人称解说与第三人称交替解说的自由形式。

3．影视音乐

在日常生活中，音乐是一种用于满足人们听觉欣赏需求的艺术形式。不过，影视节目中的音乐却没有普通音乐中的独立性，而是具有一定的目的性。也就是说，由于影视节目在内容、对象、形式等方面的不同，决定了影视节目音乐的结构和目的在表现形式上各有特点。此外，影视音乐具有融合性，即影视音乐必须同其他影视因素结合，这是因为音乐本身在表达感情的程度上往往不够准确，但与语言、音响和画面融合后，便可以突破这种局限性。

> **提示**
>
> 影视音乐按照所服务影片的内容，可分为故事片音乐、新闻片音乐、科教片音乐、美术片音乐以及广告片音乐等。按照音乐的性质，可分为抒情音乐、描绘性音乐、说明性音乐、色彩性音乐、喜剧性音乐、幻想性音乐、气氛性音乐及效果性音乐等。按照影视节目的段落划分音乐类型，可分为片头主题音乐，片尾音乐、片中插曲及情节性音乐等。

● 1.4.5 影视节目制作的基本流程

一部完整的影视节目从策划、前期拍摄、后期编辑到最终完成，其间需要进行众多繁杂的步骤。不过，单就后期编辑制作而言，整个项目的制作流程并不是很复杂。

1．准备素材

在使用非线性编辑系统制作节目时，首先要向系统输入需要的素材。多数情况下，编辑人员要做的工作是将磁带上的音视频信号转录到磁盘中。在输入素材时，应该根据不同系统的特点和不同的编辑要求，决定使用的数据传输接口方式和压缩比，一般来说应遵循以下原则。

- ❏ 尽量使用数字接口，如 QSDI 接口、CSDI 接口、SDI 接口和 DV 接口。
- ❏ 对同一种压缩方法来说，压缩比越小，图像质量越高，占用的存储空间越大。
- ❏ 采用不同压缩方式的非线性编辑系统，在录制视频素材时采用的压缩比可能不同，但却有可能获得同样的图像质量。

2. 节目制作

节目制作是非线性编辑系统中最为重要的一个环节，编辑人员在该环节需要进行的工作主要集中在以下方面。

- ❏ **素材浏览** 在非线性编辑系统中查看素材拥有极大的灵活性，因为既可以让素材以正常速度播放，也可以实现快速重放、慢放和单帧播放等。
- ❏ **定位编辑点** 可实时定位是非线性编辑系统的最大优点，这为编辑人员节省了大量卷带搜索的时间，极大地提高了编辑人员的工作效率。
- ❏ **调整素材长度** 通过时码编辑，非线性编辑系统能够提供精确到帧的编辑操作。
- ❏ **组接素材** 通过使用计算机，非线性编辑系统的工作人员能够快速、准确地在节目中的任一位置插入一段素材，也可以实现磁带编辑中常用的插入和组合编辑。
- ❏ **应用特技** 通过数字技术，为影视节目应用特技变得异常简单，而且能够在应用特技的同时观看到应用效果。
- ❏ **添加字幕** 字幕与视频画面的合成方式有软件和硬件两种。其中，软件字幕使用的是特技抠像方法，而硬件字幕则是通过视频硬件来实现字幕与画面的实时混合叠加。
- ❏ **声音编辑** 大多数基于计算机的非线性编辑系统都能够直接从 CD 唱盘、MIDI 文件中录制波形声音文件，并利用同样数字化的音频编辑系统进行处理。
- ❏ **动画制作与合成** 非线性编辑系统除了可以实时录制动画外，还能通过抠像实现动画与实拍画面的合成，极大地丰富了节目制作的手段。

3. 非线性编辑节目的输出

在非线性编辑系统中，节目在编辑完成后主要通过以下 3 种方法进行输出。

- ❏ **输出到录像带** 这是联机非线性编辑时最常用的输出方式，操作要求与输入素材时的要求基本相机，即优先考虑使用数字接口，其次是分量接口、S-Video 接口和复合接口。
- ❏ **输出 EDL 表** 在某些对节目画质要求较高，即使非线性编辑系统采用最小压缩比仍不能满足要求时，可以考虑只在非线性编辑系统上进行初编。然后，输出 EDL 表至 DVW 或 BVW 编辑台进行精编。
- ❏ **直接用硬盘播出** 该方法可减少中间环节，降低视频信号的损失。不过，在使用时必须保证系统的稳定性，有条件的情况下还应准备备用设备。

1.5　常用数字音视频格式介绍

非线性编辑的出现，使得视频影像的处理方式进入了数字时代。与之相应的是，影像的数字化记录方法也更加多样化，下面对目前常见的一些音视频编码技术和文件格式进行简单介绍。

1.5.1　常见视频格式

随着视频编码技术的不断发展，视频文件的格式种类也变得极为丰富。为了更好地编辑影片，必须熟悉各种常见的视频格式，这样才能在编辑影片时灵活使用不同格式的视频素材，或者根据需要将制作好的影视作品输出为最适合的视频格式。

1. MPEG/MPG/DAT

MPEG/MPG/DAT 类型的视频文件都是由 MPEG 编码技术压缩而成的视频文件，被广泛应用于 VCD/DVD 和 HDTV 的视频编辑与处理等方面。其中，VCD 内的视频文件由 MPEG 1 编码技术压缩而成（刻录软件会自动将 MPEG 1 编码的视频文件转换为 DAT 格式），DVD 内的视频文件则由 MPEG 2 压缩而成。

2. AVI

AVI 是由微软公司所研发的视频格式，其优点是允许影像的视频部分和音频部分交错在一起同步播放，调用方便、图像质量好，缺点是文件体积过于庞大。

3. MOV

这是由 Apple 公司所研发的一种视频格式，是基于 QuickTime 音视频软件的配套格式。在 MOV 格式刚刚出现时，该格式的视频文件仅能够在 Apple 公司所生产的 Mac 机上进行播放。此后，Apple 公司推出了基于 Windows 操作系统的 QuickTime 软件，MOV 格式也逐渐成为使用率较高的视频文件格式。

4. RM/RMVB

这是按照 Real Networks 公司所制定的音频/视频压缩规范而创建的视频文件格式。其中，RM 格式的视频文件只适于本地播放，而 RMVB 除了能够进行本地播放外，还可通过互联网进行流式播放，从而使用户只需进行极短时间的缓冲，就可以不间断地长时间欣赏影视节目。

5. WMV

这是一种可在互联网上实时传播的视频文件类型，其主要优点在于：可扩充的媒体类型、本地或网络回放、可伸缩的媒体类型、流的优先级化、多语言支持、扩展性等。

6. ASF

ASF（Advanced Streaming Format，高级流格式）是 Microsoft 为了和现在的 Real Networks 竞争而发展出来的一种可直接在网上观看视频节目的文件压缩格式。ASF 使用了 MPEG 4 压缩算法，其压缩率和图像的质量都很不错。

1.5.2 常见音频格式

在影视作品中，除了使用影视素材外，还需要大量的音频文件，来增加影视作品的听觉效果。因此，熟悉常见的音频格式也非常重要。

1. WAV

WAV 音频文件也称为波形文件，是 Windows 本身存放数字声音的标准格式。WAV 音频文件是目前最具通用性的一种数字声音文件格式，几乎所有的音频处理软件都支持 WAV 格式。由于该格式文件存放的是没有经过压缩处理，而直接对声音信号进行采样得到的音频数据，所以 WAV 音频文件的音质在各种音频文件中是最好的，同时它的体积也是最大的，1 分钟 CD 音质的 WAV 音频文件大约有 10M 字节。由于 WAV 音频文件的体积过于庞大，所以不适合于在网络上进行传播。

2. MP3

MP3（MPEG-AudioLayer3）是一种采用了有损压缩算法的音频文件格式。由于 MP3 在采用心理声学编码技术的同时结合了人们的听觉原理，因此剔除了将某些人耳分辨不出的音频信号，从而实现了高达 1:12 或 1:14 的压缩比。

此外，MP3 还可以根据不同需要采用不同的采样率进行编码，如 96kbps、112kbps、128kbps 等。其中，使用 128kbps 采样率所获得 MP3 的音质非常接近于 CD 音质，但其大小仅为 CD 音乐的 1/10，因此成为是目前最为流行的一种音乐文件。

3. WMA

WMA 是微软公司为了与 Real Networks 公司的 RA 及 MP3 竞争而研发的新一代数字音频压缩技术，其全称为 Windows Media Audio，特点是同时兼顾了高保真度和网络传输需求。从压缩比来看，WMA 比 MP3 更优秀，同样音质 WMA 文件的大小是 MP3 的一半或更少，而相同大小的 WMA 文件又比 RA 的质量要好。总体来说，WMA 音频文件既适合在网络上用于数字音频的实时播放，同时也适用于在本地计算机上进行音乐回放。

4. MIDI

严格来说，MIDI 并不是一种数字音频文件格式，而是电子乐器与计算机之间进行通信的一种通信标准。在 MIDI 文件中，不同乐器的音色都被事先采集下来，每种音色都有一个唯一的编号，当所有参数都编码完毕后，就得到了 MIDI 音色表。在播放时，计算机软件即可通过参照 MIDI 音色表的方式将 MIDI 文件数据还原为电子音乐。

第 2 章

Premiere Pro CS6 概述

　　Adobe Premiere Pro 是目前最流行的非线性编辑软件，是数码视频编辑的强大工具，它作为功能强大的多媒体视频、音频编辑软件，应用范围十分广泛，制作效果丰富多样，足以协助用户更加高效地工作。Adobe Premiere Pro CS6 以其新的合理化界面和通用高端工具，兼顾了广大视频用户的不同需求，提供了前所未有的生产能力、控制能力和灵活性。

　　在本章节中，除了介绍 Adobe Premiere Pro CS6 的工作环境及其功能外，还详细讲解了视频项目的创建、保存等基本操作知识。

本章学习要点：

➢ Premiere Pro CS6 的主要功能
➢ Premiere Pro CS6 的新增功能
➢ Premiere Pro CS6 的工作环境
➢ 项目创建与保存

2.1 Premiere Pro 简介

Premiere Pro 是由 Adobe 公司开发的一款非线性视频编辑软件，被广泛应用于电视栏目包装、广告制作、影视后期编辑等领域，并逐渐延伸到家庭视频编辑中，是目前影视编辑领域应用最为广泛的视频编辑与处理软件。

2.1.1 Premiere Pro 的主要功能

作为一款应用广泛的视频编辑软件，Premiere Pro 具有从前期素材采集到后期素材编辑与特效制作等一系列功能，为人们制作高品质数字视频作品提供了完整的创作环境。

1. 剪辑与编辑素材

Premiere Pro 拥有多种素材编辑工具，能让用户轻松剪除视频素材中的多余部分，并对素材的播放速度、排列顺序等内容进行调整。

2. 制作特效

Premiere Pro 预置了多种不同效果、不同风格的音、视频特效滤镜。在为素材添加这些特效滤镜后，视频素材实现曝光、扭曲画面、立体相册等众多效果，如图 2-1 所示。

图 2-1 为素材添加特效滤镜

3. 为相邻素材添加转场

Premiere Pro 拥有闪白、黑场、淡入淡出等多种不同类型、不同样式的视频转场效果，能够让各种镜头实现自然过渡。如图 2-2 所示，即为 2 张素材图片在使用"星形划像"转场后的变换效果。

> **注意**
>
> 在实际编辑视频素材的过程中，在两个素材片段间应用转场时必须谨慎，以免给观众造成突兀的感觉。

4. 创建与编辑字幕

Premiere Pro 拥有多种创建和编辑字幕的

图 2-2 在素材间添加转场效果

工具，灵活运用这些工具能够创建出各种效果的静态字幕和动态字幕，使影片内容更加丰富，如图 2-3 所示。

图 2-3 创建字幕

5. 编辑、处理音频素材

声音也是现代影视节目的一个重要组成部分，Premiere Pro 为用户提供了强大的音频素材编辑与处理功能。在 Premiere Pro 中，用户不仅可以直接修剪音频素材，还可以制作淡入淡出、回声等不同的音响效果，如图 2-4 所示。

6. 影片输出

当整部影片编辑完成后，Premiere Pro 可以将编辑后的众多素材输出为多种格式的媒体文件，如 AVI、MOV 等格式的数字视频，

图 2-4 对音频素材进行编辑操作

如图 2-5 所示。或者将素材输出为 GIF、TIFF、TGA 等格式的静态图片后，再借助其他软件做进一步的处理。

2.1.2 Premiere Pro CS6 的新增功能

作为 Premiere Pro 系列软件中的最新版本，Adobe 公司在 Premiere Pro CS6 中增加了许多新功能，这些变化不仅让 Premiere Pro 变得更为强大，还增强了 Premiere Pro 的易

用性。

图 2-5　导出影视作品

1. 直观的用户界面

Premiere Pro CS6 中的【项目】面板，在原有的基础上添加了滑动鼠标即可查看视频效果的功能。该功能的增加不仅能够直接在【项目】面板中查看视频文件，并且还不需要将其放置在【时间轴】面板中。如图 2-6 所示，为通过滑动鼠标查看视频文件。

图 2-6　滑动鼠标查看视频

2. 全新的修剪方式

在 Premiere Pro CS6 中，不仅能够在【时间轴】面板和【节目】面板中剪辑视频片段，还能够在【项目】面板中直接对视频文件进行剪辑。而视频剪辑的方法还能够通过快捷键来实现，如图 2-7 所示。

图 2-7　快捷键剪辑视频

要想精确剪辑视频片段，还可以在【时间轴】面板并搭配【节目】面板中进行，而在 Premiere Pro CS6 中，同样可以使用快捷键在【节目】面板中显示相邻的两个视频片段，进行视频剪辑，如图 2-8 所示。

图 2-8　不同的查看方式

3. 独立的调整层

提起视频特效，首先想到的是直接在视频片段中添加。对于单个视频片段比较适用，而对于多个视频片段添加同一个特效，则操作过程就会比较烦琐。在 Premiere Pro CS6 中，当在【时间轴】面板中创建调整图层，并且在调整图层中添加视频特效后，其效果即可显示在该调整图层下方的所有视频片段中。而该调整图层随时能够删除、显示与隐藏，且不破坏视频文件，如图 2-9 所示。

图 2-9　独立地调整图层

2.2　Premiere Pro 的工作空间

在视频编辑时，对工作环境的认识是必不可少的，虽然在默认的工作环境中即可满足各种操作的需求，但是根据工作的不同需要，更加合理地设置 Premiere 工作环境，可以更高效地完成影片编辑工作。

2.2.1　Premiere Pro 概述

当启动 Adobe Premiere Pro CS6 后，首先弹出欢迎界面，如图 2-10 所示。在该界面中，除了固定的【新建项目】、【打开项目】与【帮助】图标外，还列出了【最近使用项目】的常用文件。

这时，单击某个图标，或者直接单击【最近使用项目】列表下的某个文件名称，即可进入到编辑面板，如图 2-11 所示。

图 2-10　欢迎界面

在 Premiere Pro CS6 界面中包括【项目】、【节目】、【时间轴】和工具栏等各种面板，下面分别介绍各面板的主要功能。

❑ 项目　该面板主要分为三个部分，分别为素材属性区、素材列表和工具按钮。其主要作用是管理当前编辑项目内的各种素材资源，此外还可在素材属性区域内查看素材属性并快速预览部分素材的内容。

图 2-11　**Premiere Pro CS6 工作界面**

☐ **时间轴**　该面板是人们在对音、视频素材进行编辑操作时的主要场所之一，共由视频轨道、音频轨道和一些工具按钮组成。

☐ **节目**　该面板用于在用户编辑影片时预览操作结果，该面板共由监视器窗格、当前时间指示器和影片控制按钮所组成。

☐ **源**　该面板用于显示某个文件，以及在该面板中剪辑、播放该文件。

☐ **音频计量器**　该面板用于显示播放【时间轴】面板中视频片段中的音频波动效果。

☐ **工具栏**　主要用于对时间轴上的素材进行剪辑、添加或移除关键帧等操作。

2.2.2　预置与管理工作空间

在对 Premiere Pro CS6 有了一定认识后，便可以开始使用它来编辑、制作影片剪辑了。不过，为了提高我们在使用 Premiere Pro CS6 时的工作效率，在正式开始编辑影片剪辑前还应当对 Premiere Pro CS6 的界面布局进行一些调整，使其更加符合自己的操作习惯。

1．自定义界面颜色

Premiere Pro CS6 的界面颜色是能够重新进行定义的，但是定义的是界面的亮度，并不是界面的色相。执行【编辑】|【首选项】|【界面】命令，在弹出的【首选项】对话框中，向左拖动滑块能够降低界面亮度，向右拖动滑块能够提高界面亮度，如图 2-12 所示。

2．配置工作环境

在 Premiere Pro CS6 中，系统为用户预置了 6 套不同的工作区布局方案，以便用户

在进行不同类型的编辑工作时提高工作效率。这6套不同的工作布局方案，执行【窗口】|【工作区】命令中的子命令即可进行更改和选择。

图 2-12 界面颜色自定义

"编辑"工作区布局方案是 Premiere Pro CS6 默认使用的工作区布局方案，其特点在于该布局方案为用户进行项目管理、查看源素材和节目播放效果、编辑时间轴等多项工作进行了布局优化，使用户在进行此类操作时能够快速找到所需面板或工具。而习惯旧版本操作的用户，则可以执行【窗口】|【工作区】|【编辑（CS5.5）】命令，调整到旧版本的布局位置，如图 2-13 所示。

"元数据记录"工作区布局方案是将以【项目】面板和【元数据】面板为主，以方便用户管理素材，如图 2-14 所示。

图 2-13 "编辑（CS5.5）"工作区　　　图 2-14 "元数据记录"工作区

"效果"工作区布局方案侧重于对素材进行特效类的处理，因此在工作界面中以【特效控制台】面板、【节目】面板和【时间轴】面板为主，如图 2-15 所示。

"色彩校正"工作区布局方案多在调整影片色彩时使用，在整个工作环境中，以【效果】面板和 3 个不同的监视器面板所组成，如图 2-16 所示。

图 2-15　　"效果"工作区　　　　图 2-16　　"色彩校正"工作区

"音频"工作区布局方案是一种侧重于音频编辑的工作区布局方案，因此整个界面以【调音台】面板为主，用于显示素材画面的【节目】面板反倒变得不是那么重要，如图 2-17 所示。

3. 设置快捷键

在 Premiere Pro CS6 中，用户不仅可以通过设置参数来自定义操作界面、视频的采集及缓存设置等，还可以通过自定义快捷键的方式来简化编辑操作。

执行【编辑】|【自定义快捷键】命令后，系统将会弹出【键盘快捷键】对话框。在该对话框中，默认显示 Premiere Pro CS6 内的所有菜单及操作快捷键选项，如图 2-18 所示。

图 2-17　　"音频"工作区

在【注释】列表内执行某一菜单命令或操作项后，单击【快捷键】列表中的相应选项，此时即可按下键盘上的任意键或组合键，以便将其设为该菜单命令或操作项的键盘快捷键。在这一过程中，如果用户所设置的键盘快捷键与其他菜单命令或操作项的键盘快捷键相冲突，Premiere Pro CS6 会给出相应提示信息，如图 2-19 所示。此时，用户便需要在单击【撤销】按钮后，重复之前的键盘快捷键设置操作，直到所设置的键盘快捷键不会出现冲突为止，然后单击【确定】按钮保存设置。

Premiere Pro CS6 中文版标准教程

图 2-18　【键盘快捷键】对话框

图 2-19　设置键盘快捷键

2.3　创建和配置项目

在 Premiere Pro CS6 中，创建项目是为获得某个视频剪辑而产生的任务集合，或者理解为对某个视频文件的编辑处理工作而创建的框架。在制作影片时，由于所有操作都是围绕项目进行的，因此对 Premiere Pro CS6 项目的各项管理、配置工作便显得尤其重要。

2.3.1　创建项目

Premiere Pro CS6 中，所有的影视编辑任务都以项目的形式呈现，因此创建项目文件是 Premiere Pro CS6 软件进行视频制作的首先工作。同时，Premiere Pro CS6 为用户提供了多种创建项目的方法。

可通过欢迎界面创建项目。启动 Premiere Pro CS6 后，系统将自动弹出欢迎界面。在该界面中，系统列出了部分最近使用的项目，以【新建项目】、【打开项目】和【帮助】这 3 个不同功能的按钮，如图 2-20 所示。此时只需单击【新建项目】按钮，即可创建项目。

图 2-20　Premiere Pro CS6 欢迎界面

另外，也可以在 Premiere Pro CS6 主界面内新建项目。在菜单栏中单击执行【文件】|【新建】|【项目】命令，即可新建项目。

2.3.2 项目设置

执行创建项目的命令后，系统将自动弹出【新建项目】对话框。在该对话框中，可以对项目的配置信息进行一系列设置，使其满足用户在编辑视频时的基本工作环境。

1．设置常规信息

在默认情况下，显示【新建项目】|【常规】选项卡面板。设置项目文件的名称和保存位置，还可以对视频画面安全区、音/视频显示格式等选项进行调整，如图 2-21 所示。

在【常规】选项卡中，各个选项的含义与功能如下。

- ❑ **视频和音频显示格式** 在【视频】和【音频】选项组中，【显示格式】选项的作用都是设置素材文件在项目内的标尺单位。
- ❑ **采集格式** 当需要从摄像机等设备内获取素材时，【采集格式】选项的作用便是要求 Premiere Pro CS6 以规定的采集方式来获取素材内容。

图 2-21　新建项目中的常规对话框

另外，可以在 Premiere Pro CS6 主界面中执行【项目】|【项目设置】|【常规】命令，弹出【常规】对话框，除了名称和保存位置选项，还可以进行其他设置。

2．配置缓存盘

接下来，在【新建项目】对话框内选择【缓存】选项卡，设置采集到的音频和视频素材、视频预览文件和音频预演文件的保存位置，单击【新建项目】对话框中的【确定】按钮，即可完成项目文件的创建工作，如图 2-22 所示。

图 2-22　新建项目中的缓存盘对话框

在【缓存】面板，由于各个临时文件夹的位置被记录在项目中，因此严禁在项目设置完成后更改所设临时文件夹的名称与保存位置，否则将造成项目所用文件的链接丢失，导致无法进行正常的项目编辑工作。

2.3.3　创建并设置序列

Premiere Pro CS6 内所有组接在一起的素材，以及这些素材所应用的各种滤镜和自定义设置，都必须被放置在一个被称为"序列"的 Premiere Pro CS6 项目元素内。可以看出，序列对项目极其重要，因为只有当项目内拥有序列时，用户才可进行影片编辑操作。

1. 在新建项目时创建序列

新建项目文件后，Premiere Pro CS6 将自动弹出【新建序列】对话框。在默认显示的【序列预置】选项卡中，Premiere Pro CS6 分门别类地列出了众多序列预置方案。选择某种预置方案后，可以在右侧文本框内查看相应的方案描述信息与部分参数信息。如图 2-23 所示。

如果 Premiere Pro CS6 提供的预置方案都不符合工作需求，还可通过调整【设置】与【轨道】选项卡内各序列参数的方式，自定义序列配置信息。在【设置】面板中，用户可对序列所采用的编辑模式、时间基准，以及视频画面和音频所采用的标准进行调整，如图 2-24 所示。

图 2-23　新建序列对话框

根据选项的不同，部分序列配置选项将呈灰色未激活状态（无效或不可更改）；如果需要自定义所有序列配置参数，则应在【编辑模式】下拉列表内选择【桌面编辑模式】选项。

【常规】选项卡中的各个选项含义及作用如下。

❏ **编辑模式**　设定新序列将要以哪种序列预置方案为基础，来设置新的序列配置方案。

❏ **时基**　设置序列所应用的帧速率标准，在设置时应根据目标播出设备的规则进行调整。

图 2-24　【设置】选项卡对话框

❑ **视频** 调整与视频画面有关的各项参数,其中的【画面大小】选项用于设置视频画面的分辨率。【像素纵横比】下拉列表内则根据编辑模式的不同,包括 0.9091、1.0、1.2121、1.333、1.5、2.0 等多种选项供用户选择。【场】选项用于设置扫描方式(隔行扫描或逐行扫描)。【显示格式】选项用于设置序列中的视频标尺单位。

❑ **音频** 该选项组中的【采样率】用于统一控制序列内的音频文件采样率,【显示格式】选项则用于调整序列中的音频标尺单位。

❑ **视频预览** 在该选项组中,【预览文件格式】用于控制 Premiere Pro CS6 以哪种文件格式来生成相应序列的预览文件。当采用 Microsoft AVI 作为预览文件格式时,还可以在【编码】下拉列表内挑选生成预览文件时采用的编码方式。此外,在启用【最大位数深度】和【最高渲染品质】复选框后,可以提高预览文件的质量。

完成【设置】选项卡中的参数设置后,选择【轨道】选项卡,用户可以对序列所包含的音频和视频轨道的数量和类型进行配置。另外,可以单击【保存设置】选项,对序列设置进行名称和描述设置,并进行序列形式存储,如图 2-25 所示。

图 2-25 【轨道】选项卡对话框

2. 在项目内新建序列

作为编辑影片时的重要对象之一,一个序列往往无法满足用户编辑影片的需要。此时,可在【项目】面板内单击【新建分项】按钮,执行【序列】命令,打开【新建序列】对话框创建新序列,如图 2-26 所示。

图 2-26 在【项目】面板创建新序列

2.4　保存和打开项目

在编辑影片的过程中，必须在对项目文件做出更改后及时进行保存，以避免发生意外情况时影响整个制作项目的工作进度。保存项目的另一作用在于，用户可随时对已保存的项目进行重新编辑，如对其中的错误或更新素材内容进行重新设置等。

2.4.1　保存项目文件

由于 Premiere Pro CS6 软件在创建项目之初便已经要求用户设置项目的保存位置，因此在保存项目文件时无须再次设置文件保存路径。此时，用户只需执行【文件】|【保存】命令，即可将更新后的编辑操作添加至项目文件内。

1．保存项目副本

在编辑影片的过程中，如果需要阶段性的保存项目文件，选择保存项目副本是个不错的主意。执行【文件】|【保存副本】命令，即可在弹出的【保存项目】对话框中设置项目副本的文件名与保存位置，如图 2-27 所示。

2．项目文件"另存为"

除了保存项目副本外，项目存储为文件也可达到生成项目副本的目的。操作时，执行【文件】|【另存为】命令，即可在弹出的【存储项目】对话框中，使用新的名称保存项目文件，如图 2-28 所示。

图 2-27　保存项目副本　　　　　图 2-28　项目文件另存为

注　意

从功能上来看，"保存副本"和"另存为"的功能一致，都是在源项目的基础上创建新的项目。两者之间的差别在于，使用【保存副本】命令生成项目后，Premiere Pro CS6 中的当前项目仍然是源项目，而使用【另存为】命令生成项目后，Premiere Pro CS6 将关闭源项目，并打开新生成的项目。

2.4.2 打开项目

打开 Premiere Pro CS6 项目文件的方法多种多样。例如，在资源管理器内双击项目文件，或通过 Premiere Pro CS6 欢迎界面中的【打开项目】按钮来打开项目文件等。此外，还有多种打开项目文件的方法。

1. 打开最近使用项目

启动 Premiere Pro CS6 后，在欢迎界面中会列出部分最近使用的影片编辑项目。此时，只需单击项目名称，即可打开相应的影片编辑项目，如图 2-29 所示。

图 2-29　通过欢迎界面打开最近使用项目

2. 通过菜单命令打开项目

在打开某一项目的情况下，执行【文件】|【打开项目】命令，即可在弹出的【打开项目】对话框中，选择所要打开的项目文件，如图 2-30 所示。

> **提 示**
>
> 在 Premiere Pro CS6 软件中，只能编辑一个项目，因此在打开新项目的同时，将动关闭当前项目。此时，如果当前项目内还有未保存的编辑操作，则 Premiere Pro CS6 还会提示用户进行保存。

图 2-30　通过执行菜单命令打开项目

除此之外，用户还可通过执行【文件】|【打开最近项目】命令，在弹出级联菜单内选择项目选项的方式，快速打开最近曾经打开过的项目。

2.5 课堂练习：新建 Premiere Pro CS6 文件

无论是制作图像效果还是视频效果，均需要创建文件来作为载体。通常情况下，直接一步即可创建载体文件。Premiere Pro CS6 中的空白文件并不是一次性创建完成的，而是通过一系列的选项设置创建完成的。

操作步骤如下。

1 启动 Premiere Pro CS6 后，系统将自动弹出欢迎界面。在该界面中，【新建项目】按钮，弹出【新建项目】对话框，如图 2-31 所示。

图 2-31 【新建项目】对话框

2 在【新建项目】对话框中，单击【浏览】按钮设置【位置】选项。在【名称】文本框中输入视频文件名称，单击【确定】按钮关闭该对话框，如图 2-32 所示。

3 关闭【新建项目】对话框的同时，弹出【新建序列】对话框。在该对话框中选择序列的预设设置，单击【确定】按钮关闭对话框，创建空白视频文件，如图 2-33 所示。

图 2-32 设置项目名称与保存位置

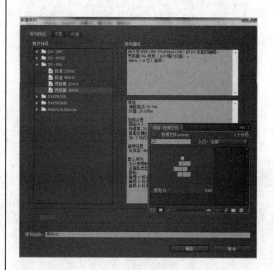

图 2-33 设置序列预设

提 示

在创建 Premiere 文件的同时，就已经将其保存。当按 Ctrl+S 快捷键，无须再次设置文件保存路径。此时，只是将更新后的编辑操作添加至项目文件内。

2.6 思考与练习

一、填空题

1．Premiere Pro CS6 是由 Adobe 公司所开发的一款_____编辑软件。

2．Premiere Pro CS6 中的_____新增功能能够在不影响视频文件的同时添加特效。

3．在 Premiere Pro CS6 中，执行【编辑】|【首选项】|【_____】命令，能够改变界面的颜色。

4．要想在 Premiere Pro CS6 中使用旧版本工作区进行编辑，可以执行【窗口】|【工作区】|【_____】命令。

5．启动 Premiere Pro CS6 后，直接单击欢迎界面中的【_____】按钮，即可创建新的影片编辑项目。

二、选择题

1．【窗口】|【工作区】|【编辑】命令的快捷键是_____。

    A．Alt+Shift+1   B．Alt+Shift+2

C. Alt+Shift+3　D. Alt+Shift+4

2．在【新建项目】对话框的【常规】选项卡中，用户可直接对项目文件的名称和保存位置，以及_____和音/视频显示格式等内容进行设置。

A．轨道数量　　B．序列参数

C．缓存盘位置　D．视频画面安全区

3．保存项目副本和项目另存为的区别在于_____。

A．当前项目会随着项目另存为操作的结束而发生改变，保存项目副本则不会

B．多数情况下，两种操作的结果是一样的

C．当前项目会随着保存项目副本操作的结束而发生改变，另存为项目则不会

D．无任何差别

4．【另存为】命令的快捷键是_____。

A．Ctrl+S　　　B．Ctrl+Shift+S

C．Ctrl+Alt+S　D．Ctrl+W

5．在 Premiere Pro CS6 中，在不关闭该软件的情况下关闭项目，按_____快捷键。

A．Ctrl+W　　　B．Ctrl+Shift+W

C．Ctrl+O　　　D．Ctrl+Alt+O

三、问答题

1．如何将 Premiere Pro CS6 的界面显示为"效果"工作区？

2．如何改变 Premiere Pro CS6 的界面颜色？

3．如何设置 Premiere Pro CS6 菜单中的某个命令快捷键？

4．怎样创建新项目？

5．如何保存项目副本？

四、上机练习

1．改变 Premiere Pro CS6 界面颜色

Premiere Pro CS6 的界面颜色是能够重新定义的，但是定义的是界面的亮度，并不是界面的色相。执行【编辑】|【首选项】|【界面】命令，在弹出的【首选项】对话框中，向左拖动滑块能够降低界面亮度；向右拖动滑块能够提高界面亮度，根据需要选择想要的界面亮度，如图 2-34 所示。

图 2-34 设置界面亮度

2. 使【项目】面板独立显示

在默认情况下，所有面板均是在 Premiere Pro CS6 界面中。要想将某个面板独立显示，只需右击该面板，执行【浮动面板】命令即可，如图 2-35 所示。

图 2-35 浮动面板

第 3 章

管理项目与素材

在对 Premiere Pro CS6 的基本操作界面和运行环境有了初步的了解后，在对素材进行编辑之前，需要对素材进行导入操作。项目的创建和管理及对素材的合理导入，是顺利进行素材编辑的基本前提。

本章学习要点：

➤ 采集
➤ 导入素材
➤ 定义影片
➤ 管理素材

3.1 采集素材

Premiere Pro CS6 中的素材可以分为两大类，一种是利用软件创作出的素材，另一种则是通过计算机从其他设备内导入的素材。这里将介绍通过采集卡导入视频素材，以及通过麦克风录制音频素材的方法。

3.1.1 采集视频

所谓视频采集就是将模拟摄像机、录像机、LD 视盘机、电视机输出的视频信号，通过专用的模拟或者数字转换设备，转换为二进制数字信息后存储于计算机的过程。在这一过程中，采集卡是必不可少的硬件设备，如图 3-1 所示。

图 3-1　视频采集卡

在 Premiere Pro CS6 中，可以通过 1394 卡或具有 1394 接口的采集卡来采集信号和输出影片。对视频质量要求不高的用户，也可以通过 USB 接口，从摄像机、手机和数码相机上接收视频。当正确配置硬件后，便可启动 Premiere Pro CS6。执行【文件】|【采集】命令（快捷键 F5），打开【采集】对话框，如图 3-2 所示。

> **提 示**
>
> 此时由于还未将计算机与摄像机连接在一起，因此设备状态还是"采集设备脱机"，且部分选项被禁用。

在【采集】面板中，左侧为视频预览区域，预览区域的下方则是采集视频时的设备控制按钮。利用这些按钮，可控制视频的播放与暂停，并设

图 3-2　【采集】对话框

置视频素材的入点和出点。

在熟悉【采集】面板中的各项设置后，将计算机与摄像机连接在一起。稍等片刻后，【采集】面板中的选项将被激活，"采集设备脱机"的信息将变成"停止"信息。此时，单击【播放】按钮，当视频画面播放至适当位置时，单击【录制】按钮，即可开始采集视频素材。

采集完成后，单击【录制】按钮，Premiere Pro CS6 将自动弹出【保存已采集素材】对话框。在该对话框中，用户可对素材文件的名称、描述信息、场景等内容进行设置，完成后单击【确定】按钮，即可结束素材采集操作。此时，在【项目】面板内可以查看到刚刚采集获得的素材。

3.1.2 录制音频

与复杂的视频素材采集设备相比，录制音频素材所要用到的设备要简单许多。通常情况下，用户只需拥有一台计算机、一块声卡和一个麦克风即可。

计算机录制音频素材的方法很多，其中最为简单的是利用操作系统自带的 Windows 录音机程序进行录制。单击【开始】按钮，执行【所有程序】|【附件】|【录音机】命令，打开【录音机】程序界面，如图 3-3 所示。

图 3-3 【录音机】程序界面

图 3-4 录制音频

单击【录音机】程序界面中的【开始录制】按钮后，计算机将记录从麦克风处获取的音频信息。此时，可以看到左侧【位置】选项中的时间在不断向后推移，如图 3-4 所示。

单击【停止录制】按钮，弹出【另存为】对话框，将音频文件保存为媒体音频文件格式。然后将该音频文件，导入 Premiere Pro CS6 的【项目】面板即可，如图 3-5 所示。

图 3-5 导入音频文件

3.2 导入素材

素材是编辑影片的基础，Premiere Pro CS6 调整了对不同格式素材文件的兼容性，使得支持的素材类型更为广泛。目前，Premiere Pro CS6 导入素材时主要通过三种方式，通过菜单进行导入、利用【项目】面板和【媒体浏览】面板进行导入。

3.2.1 利用菜单导入素材

若要利用菜单导入素材，需启动 Premiere Pro CS6 项目，执行【文件】|【导入】命令。然后，在弹出对话框内选择所要导入的图像、视频或音频素材，并单击【打开】按钮即可将其导入至当前项目，如图 3-6 所示。

素材添加至 Premiere 项目，所有素材都将显示在【项目】面板中。在双击【项目】面板中的素材，还可在【源】窗口内查看素材并播放效果，如图 3-7 所示。

图 3-6　菜单导入素材

图 3-7　在【源】窗口查看效果

如果需要将某一文件夹中的所有素材全部导入至项目内，则可在选择该文件夹后，单击【导入】|【导入文件夹】按钮，如图 3-8 所示。

此时，【项目】面板内显示的将是所导入的素材文件夹，以及该文件夹中的所有素材文件，如图 3-9 所示。

图 3-8　导入文件

图 3-9　导入【项目】面板文件夹

3.2.2　通过面板导入素材

Premiere Pro CS6 导入素材的另外两种方式均是通过面板途径，一是通过【项目】面板，二是通过【媒体浏览】面板。

与执行菜单命令导入素材的方法相比，通过【项目】面板导入素材的优点是能够减少烦琐的菜单操作，从而使操作变得更高效、快捷。导入素材时，需要在【项目】面板空白处右击鼠标，执行【导入】命令，打开【导入】对话框，如图 3-10 所示。

在 Premiere Pro CS6 中，【媒体浏览】面板可直接对文件进行筛选导入。可通过【最近使用目录】和【文件类型】选项进行快速素材筛选。选中某个文件后右击，选择【导入】命令即可将该文件导入【项目】面板中，如图 3-11 所示。

在【媒体浏览】面板，可通过【最近使用目录】选项，直接进入最近访问文件夹，进行直接导入。另外，可通过【文件类型】选项，过滤需要的文件类型，更加准确快速地访问文件。

图 3-10　项目导入素材

3.3　查看素材

编辑视频效果之前，首先要学会查看素材。不同格式的素材文件，其查看方式有所不同。Premiere Pro CS6 新增了悬停擦洗功能，为视频文件的查看添加了新的查看方式。

3.3.1　显示方式

为了便于用户管理素材，Premiere Pro CS6 共提供了"列表"与"图标"两种不同的素材

图 3-11　【媒体浏览】面板

显示方式。默认情况下，素材将采用"列表视图"显示于【项目】面板中。此时，用户可查看到素材名称、帧速率、视频出/入点、素材长度等详细素材信息，如图 3-12 所示。

单击【项目】面板底部的【图标视图】按钮，可切换至"图标视图"模式。此时，所有素材将以缩略图方式显示于【项目】面板中，从而使得查看素材内容变得更为直观，如图 3-13 所示。

3.3.2　查看视频

在 Premiere Pro CS6 中，视频文件不仅能够进行静态查看，还能够进行动态查看。在【项目】面板中的视频文件不被选中的情况下，将鼠标指向该视频文件，在该视频文件缩略图范围内滑动，可以播放被查看的视频，如图 3-14 所示。

图 3-12 使用"列表视图"查看素材

图 3-13 使用"图标视图"查看素材

图 3-14 查看动态视频

要想取消这一查看功能，单击【项目】面板菜单按钮，执行弹出菜单中的【悬停擦洗】命令（快捷键 Shift+H），禁用该命令。这时，鼠标在视频缩略图范围内滑动后，该视频不会自动播放，如图 3-15 所示。

提 示

要向在禁用【悬停擦洗】命令的同时，查看视频播放效果，可以按住 Shift 键不放，在视频缩略图范围内滑动。

图 3-15 禁用【悬停擦洗】命令

3.4 管理素材

通常情况下，Premiere Pro CS6 项目中的所有素材都将直接显示在【项目】面板中，而且由于名称、类型等属性的不同，素材在【项目】面板中的排列方式往往会杂乱无章，在一定程度上影响工作效率。因此，必须对项目素材进行统一管理，如将相同类型的素材放置在同一文件夹内或将相关联的素材放置在同一文件夹内等。

3.4.1 管理素材的基本方法

Premiere Pro CS6 的【项目】面板内包含一组专用于管理素材的功能按钮，通过使用这些功能，用户能够从大量素材中快速查找所需要的素材，或者按照预期的顺序进行排列。

1. 自动匹配序列

Premiere Pro CS6 中的自动匹配序列功能，不仅可以方便、快捷地将所选素材添加至序列中，还能够在各素材之间添加默认的过渡效果。若要使用该功能，只需从【项目】面板内选择适当的素材后，单击【自动匹配序列】按钮，如图 3-16 所示。

图 3-16　单击【自动匹配序列】按钮

此时，系统将弹出【自动匹配到序列】对话框。在该对话框内调整匹配顺序与转场过渡的应用设置后，单击【确定】按钮，即可自动按照设置将所选素材添加至序列中，如图 3-17 所示。

图 3-17　素材的自动匹配结果

在【自动匹配到序列】对话框中，各选项所使用参数的不同，会使得素材匹配至序列后的结果不同。【自动匹配到序列】对话框内各选项的作用如下。

- ❏ **顺序**　在【顺序】选项中，用户可以选择按照【项目】面板中的排列顺序在序列中放置素材，还可按照在【项目】面板中选择素材的顺序将其放置在序列中。
- ❏ **到序列**　在该栏中，【放置】选项用于设置素材在序列中的位置，【方法】选项用于设置素材以插入或覆盖的形式添加到序列中，【素材重叠】选项用于设置过渡效果的帧数量或者时长。
- ❏ **转场过渡**　在该栏中，勾选相应的复选框，即可确定是否在素材间添加默认的音频和视频切换效果。
- ❏ **忽略选项**　如果勾选【忽略音频】复选框，则在序列内不会显示音频内容。若勾选【忽略视频】复选框，序列中将不显示视频内容。

2. 查找素材

随着项目进度的逐渐推进，【项目】面板中的素材会越来越多。此时，再通过拖曳滚动条的方式来查找素材会变得费时又费力。Premiere Pro CS6 专门提供了查找素材的功能，极大地方便了用户操作。

查找素材时，如果了解素材名称，可先将【项目】面板的素材显示方式切换为"列表视图"后，直接在【项目】面板的搜索框内输入所查素材的部分或全部名称。此时，所有包含用户所输关键字的素材都将显示在【项目】面板内，如图 3-18 所示。

> **提　示**
>
> 使用素材名称查找素材后，单击搜索框内的 ✕ 按钮，或者清除搜索框中的文字，即可在【项目】面板内重新显示所有素材。

如果仅仅通过素材名称无法快速找到匹配素材，还可通过场景、磁带信息或标签内容等信息来查找相应素材。此时，应首先单击【项目】面板中的【查找】按钮 🔍，然后分别在

图 3-18　通过名称查找素材

【列】和【操作】栏内设置查找条件，并在【查找目标】栏中设置关键字，如图 3-19 所示。完成上述设置后，单击【查找】对话框中的【查找】按钮，即可在【项目】面板内看到查寻结果。

图 3-19　高级查找

3. 通过文件夹管理素材

若要利用容器管理素材，首先需要创建容器。在【项目】面板中，单击【新建文件夹】按钮后，Premiere Pro CS6 便将自动创建一个名为"文件夹01"的容器，如图 3-20 所示。

技 巧

执行【文件】|【新建】|【文件夹】命令，或右击【项目】面板空白处，执行【新建文件夹】命令，也可在【项目】面板中创建容器。

图 3-20　创建文件夹

文件夹在创建之初，名称处于可编辑状态，可以通过直接输入文字的方式更改文件夹名称。完成文件夹重命名操作后，便可将部分素材拖曳至文件夹内，通过该文件夹管理这些素材，如图 3-21 所示。

提 示

在单击文件夹内的【伸展/收缩】按钮 ▼ 后，Premiere Pro CS6 将会根据当前文件夹的状态来显示或隐藏文件夹内容，从而减少【项目】面板里显示素材的数量。

图 3-21　使用文件夹管理素材

此外，Premiere 还允许在文件夹中创建文件夹，从而通过嵌套的方式来管理分类更为复杂的素材。创建嵌套文件夹的要点在于，必须在选择已有文件夹的情况下创建新的文件夹，只有这样才能在所选文件夹内创建文件夹，如图 3-22 所示。

4. 重命名与删除素材

在编辑影片的过程中，通过更改素材名称，可以让素材的使用变得更加方便、准确。此外，删除多余素材，也能够减少管理素材的复杂程度。

在【项目】面板中，单击素材名称后，素材名称将处于可编辑状态。此时，只需输入新的素材名称，即可完成重命名素材的操作，如图 3-23 所示。

图 3-22　创建嵌套文件夹

注 意

若单击素材前的图标，将会选择该素材。若要更改其名称，则必须单击素材名称的文字部分。此外，右击素材执行【重命名】命令，也可将素材名称设置为可编辑状态，通过输入文字的方式对其进行重命名操作。

清除素材的操作虽然简单，但 Premiere Pro CS6 仍为用户提供了多种操作方法。例如，在【项目】

图 3-23　素材重命名

面板内选择素材后，单击【清除】按钮即可完成清除任务，如图 3-24 所示。

需要指出的是，当所清除的素材已经应用于序列中时，Premiere Pro CS6 将会弹出警告对话框，提示序列中的相应素材会随着清除操作而丢失，如图 3-25 所示。

图 3-24　清除多余素材

图 3-25　清除已使用的素材

5．查看素材属性

素材属性是指包括素材尺寸、持续时间、画面分辨率、音频标识等信息在内的一系列数据。通过了解素材属性，有助于用户在编辑影片时选择最为适当的素材，从而为高效的制作优质影片奠定良好的基础。

在【项目】面板中，通过调整面板及各列的宽度，即可查看相关的属性信息。除此之外，用户还可右击所要查看的素材文件，执行【属性】命令，如图 3-26 所示。

图 3-26　执行【属性】菜单命令

此时，在弹出的【属性】面板中，即可查看到所选素材的实际保存路径、文件类型、大小、分辨率等信息。根据所选素材类型的不同，在【属性】面板内能够看到的信息也会有所差别。例如，在查看视频素材的属性时，【属性】面板内还将显示帧速率、平均数据速率等信息，如图 3-27 所示。

图 3-27　不同格式的素材属性

3.4.2　管理元数据

元数据是一种描述数据的数据，在许多领域内都有其具体的定义和应用。在 Premiere Pro CS6 中，元数据存在于影视节目制作流程的各个环节，如前期拍摄阶段会产生镜头名称、拍摄地点、景别等元数据，而后期编辑阶段则会产生镜头列表、编辑点和转场等元数据。当然，并不是所有的元数据都有用，可以根据实际需要进行筛选，仅保留关键的元数据。

1．查看元数据

若要查看素材元数据，则应首先选择该素材文件，执行【窗口】|【元数据】命令。此时，在打开的【元数据】面板中，可以查看所选素材的各项元数据，如图 3-28 所示。

图 3-28　【元数据】面板

2．编辑元数据

对于作用为描述素材信息的元数据来说，绝大多数的元数据项都无法更改。不过，为了让用户能够更好地管理素材，Premiere Pro CS6 允许用户修改素材的部分元数据，如素材来源、描述信息等，如图 3-29 所示。

3．设定元数据显示内容

默认情况下，【元数据】面板内显示的只是部分元数据信息。在单击【元数据】面板按钮后，执行【元数据显示】命令，即可在弹出对话框内设置【元数据】面板所显示元数据的类别，如图 3-30 所示。当禁用某个选项复选框后，【元数据】面板内便将不再显示该选项中的所有元数据项。

图 3-29　修改素材元数据

4．自定义元数据

单击【Premiere 项目元数据】项右侧的【添加属性】按钮，并在弹出对话框内置属性名称与属性值类型后，单击【确定】按钮，即可为【Premiere 项目元数据】项添加一个新的元数据条目，如图 3-31 所示。

如果单击【元数据显示】对话框中的【新建方案】按钮，还可在弹出对话框内设置方案名

图 3-30　设置所显示元数据的类别

称，并在单击【确定】按钮后，创建新的元数据信息项，如图 3-32 所示。在为其添加元数据条目后，用户便可利用该元数据信息项中的条目来记录相应的元数据信息。

图 3-31 设置新的元数据信息项目

图 3-32 创建元数据项

完成设置完成后，并且启用该选项，然后在【元数据显示】对话框中单击【确定】按钮，即可在【元数据】面板内查看并编辑刚刚添加的元数据选项了，如图 3-33 所示。

3.4.3 打包项目素材

制作一部稍微复杂的影视节目，所用到的素材会多不胜数。在这种情况下，除了应当使用【项目】面板对素材进行管理外，还应将项目所用到的素材全部归纳于同一文件夹内，以便进行统一的管理。

要打包项目素材，应首先在 Premiere Pro CS6 主界面中执行【项目】|【项目管理】命令。在弹出的【项目管理】对话框中，从【素材源】区域内选择所要保留的序列，并在【生成项目】选项组内设置项目文件归档方式后，单击【确定】按钮，如图 3-34 所示。稍等片刻后，可在【路径】选项所示文件夹中，找到一个采用"已复制_"作为项目名称的文件夹，其内部即包含当前项目的项目文件，以及所用素材文件的副本。

3.4.4 脱机文件

图 3-33 查看元数据选项

图 3-34 打包项目

脱机文件是指项目内的当前不可用素材文件，其产生原因多是由于项目所引用素材文件已经被删除或移动。当项目中出现脱机文件时，如果在【项目】面板中选择该素材文件，【素材源】或【节目】面板内便将显示该素材的媒体脱机信息，如图 3-35 所示。

在打开包含脱机文件的项目时，Premiere Pro CS6 会在弹出对话框内要求用户重新定位脱机文件。此时，如果用户能够指出脱机素材新的文件存储位置，则项目便会解决该素材文件的媒体脱机问题。

在提示重定位脱机文件的对话框中，用户可选择查找或跳过该素材，或者将该素材创建为脱机文件，对话框中的部分选项作用如表3-1 所示。

图 3-35 脱机文件

表 3-1 脱机文件提示对话框按钮作用

名　　称	功　　能
查找	单击该按钮，将弹出【搜索结果】对话框，用户可通过该对话框重定位脱机素材
跳过	将在项目文件中暂时跳过要查找的脱机素材
脱机	将需要查找的文件创建为脱机文件
全部跳过	当项目中含有多个脱机素材时，单击该按钮将会跳过所有文件的重定位提示对话框
全部脱机	单击该按钮，即可将项目中所有需要重定位的媒体素材创建为脱机文件

3.5 课堂练习：整理影片素材

本实例为整理影片素材。制作影片的前提就是素材要准备完整，那么本例就通过学习创建项目、导入影片素材、预览影片效果等整理素材。最后，保存项目，完成影片的整理，如图 3-36 所示。

图 3-36 动画效果

具体操作步骤如下。

1 启动 Premiere CS6,在【新建项目】对话框中,单击【浏览】按钮,选择文件的保存位置。在【名称】栏中输入"整理影片素材"文本,单击【确定】按钮,如图 3-37 所示。

图 3-37 新建项目

2 在弹出的【新建序列】对话框中,选择【有效序列】列表框中的"标准 48kHz",单击【确定】按钮,创建"整理影片素材"文件,如图 3-38 所示。

图 3-38 设置序列

3 在【项目】面板中,右击执行【导入】命令,

在弹出的【导入】对话框中选择素材,导入到【项目】面板中,如图 3-39 所示。

图 3-39 导入素材

4 选择【项目】面板中的素材,拖入到【时间轴】面板的【视频 1】轨道上。在【节目】面板中,单击【播放_停止切换】按钮,即可预览影片。最后,保存文件为"整理影片素材.prproj",完成影片的整理,如图 3-40 所示。

图 3-40 播放并保存文件

3.6 课堂练习:制作简单的电子相册

通过学习利用菜单导入素材图片,将素材拖至创建的文件夹中。创建电子相册项目,并在【节目】面板中预览动画效果,完成简单的电子相册的制作,如图 3-41 所示。

图 3-41　电子相册效果

具体操作步骤如下。

1　启动 Premiere Pro CS6，在【新建项目】面板中，单击【浏览】按钮，选择文件保存位置。在【名称】栏中输入"电子相册"，单击【确定】按钮，如图 3-42 所示。

图 3-42　新建项目

2　在弹出的【新建序列】对话框中，选择【有效序列】列表框中的"标准 48kHz"，输入序列名称为"七星瓢虫"，单击【确定】按钮，即可创建电子相册文件，如图 3-43 所示。

3　执行【文件】|【导入】命令，打开【导入】对话框，选择素材图片，导入到【项目】面板中。在【项目】面板中单击【新建文件夹】

按钮，新建"素材"文件夹，如图 3-44 所示。

图 3-43　新建序列

图 3-44　导入素材并创建文件夹

4　选择所有素材图片，将其拖至"素材"文件夹中。选择所有素材图片，单击【项目】面板底部的【自动匹配序列】按钮 ，弹出【自动匹配到序列】对话框，如图 3-45所示。

图 3-45　自动匹配序列

5 直接单击【自动匹配到序列】对话框中的【确定】按钮后，选中的素材图片同时插入时间轴面板中。按空格键预览动画效果，最后，

保存文件，完成电子相册的制作，如图 3-46所示。

图 3-46　预览动画

提　示

在【项目】面板中，选择"素材"文件夹，拖入"视频 1"轨道上，也可以将所有图片导入。

3.7　思考与练习

一、填空题

1. ＿＿＿＿＿是将模拟摄像机、录像机、LD 视盘机、电视机输出的视频信号，通过专用的模拟或者数字转换设备，转换为二进制数字信息后存储于计算机的过程。

2. Premiere Pro CS6 中的素材分为两大类，一类是利用软件创作出的素材，另一种则是通过＿＿＿＿从其他设备内导入的素材。

3. 在【项目】面板中，Premiere Pro CS6 共提供了图标和＿＿＿＿两种不同的视图模式。

4.【项目】面板关联菜单中的【＿＿＿＿】命令是用来查看视频文件的。

5. Premiere Pro CS6 中的＿＿＿＿功能，不仅可以方便、快捷的将所选素材添加至序列中，还能够在各素材之间添加一种默认的过渡效果。

二、选择题

1. 在采集视频的过程中，能够辅助用户进

行采集工作的硬件设备叫做作＿＿＿＿。

A. 视频卡　　　B. 电视卡

C. 显卡　　　　D. 视频采集卡

2. 将素材导入 Premiere Pro CS6 后，素材将会出现在【＿＿＿＿】面板中。

A. 素材源　　　B. 项目

C. 时间轴　　　D. 媒体浏览

3. 当禁用【悬停擦洗】选项，而又向在【项目】面板中查看视频文件时，可以按住＿＿＿＿键滑动鼠标。

A. Ctrl　　　　B. Alt

C. Shift　　　　D. H

4.【项目】面板中的【＿＿＿＿】按钮是用来查找素材的。

A. 查找　　　　B. 新建文件夹

C. 新建分项　　D. 清除

5. ＿＿＿＿＿是用来描述数据的数据，它在 Premiere Pro CS6 中的作用是描述素材的镜头名称、拍摄地点、编辑点和转场等。

A. 元标签　　　B. 源数据

C. 元数据　　　D. 初始数据

三、问答题

1. 简述素材导入的方法。
2. 如何将素材进行分类？
3. 如何查看视频素材？
4. 如何查看特定素材？
5. 如何查看素材属性？

四、上机练习

1. 导入素材

Premiere Pro CS6 中的素材导入非常简单，只要双击【项目】面板，即可打开【导入】对话框。选择素材文件后，单击【打开】按钮即可将选中的素材导入到【项目】面板中，如图 3-47 所示。

图 3-47 导入素材

2. 快速查看视频素材

在 Premiere Pro CS6 中，视频文件不仅能够进行静态查看，还能够进行动态查看，并且不需要将视频文件打开。方法是，在【项目】面板中的视频文件不被选中的情况下，将鼠标指向该视频文件，在该视频文件缩略图范围内滑动，即可发现视频被播放，如图 3-48 所示。

图 3-48 快速查看视频素材

第4章

编辑影片素材

　　视频效果制作中必不可少的一个环节就是对视频素材进行编辑与修剪，而 Premiere Pro CS6 的强大功能也是视频素材的剪辑与合成。在 Premiere Pro CS6 中，对视频素材的编辑共分为分割、排序、修剪等多种操作，此外还可利用编辑工具对素材进行一些较为复杂的编辑操作，使其符合影片要求的素材，并最终完成整部影片的剪辑与制作。

　　在本章节中，除了能够认识到编辑影片素材时用到的各种选项与面板外，还将对创建新元素、剪辑素材和多重序列的应用等内容进行讲解，使读者能够更好地学习和掌握 Premiere Pro CS6 编辑影片素材的各种方法与技巧。

本章学习要点：

➢ 了解时间轴面板的使用方法
➢ 认识素材源与节目监视器
➢ 学习素材的基本编辑方法
➢ 应用视频编辑工具

4.1 时间轴面板

视频素材的编辑与剪辑，前提是将视频素材放置在【时间轴】面板中。在该面板中，不仅能将不同的视频素材按照一定的顺序排列在时间轴上，还可以对其进行播放时间的编辑。

4.1.1 时间轴面板概述

在【时间轴】面板中，时间轴标尺上的各种控制选项决定了查看影片素材的方式，以及影片渲染和导出的区域，如图 4-1 所示。

1. 时间标尺

时间标尺是一种可视化时间间隔显示工具。默认情况下，Premiere Pro CS6 按照每秒所播放画面的数量来划分时间轴，从而与项目的帧速率相对应。不过，如果当前正在编辑的是音频素材，则应在【时间轴】面板的关联菜单内执行【显示音频单位】命令后，将标尺更改为按照毫秒或音频采样率等音频单位进行显示，如图 4-2 所示。

> **提 示**
>
> 执行【项目】|【项目设置】|【常规】命令后，即可在弹出对话框内的【音频】选项组中，设置时间标尺在显示音频素材时的单位。

2. 当前时间指示器

【当前时间指示器】（CTI）是一个土黄色的三角形图标，其作用是标识当前所查看的视频帧，以及该帧在当前序列中的位置。在时间标尺中，既可以采用直接拖动【当前时间指示器】的方法来查看视频内容，也可以在单击时间标尺后，将【当前时间指示器】移至鼠标单击处的某个视频帧，如图 4-3 所示。

3. 时间显示

时间显示与【当前时间指示器】相互

图 4-1　时间轴上的标尺选项

图 4-2　使用音频单位划分标尺

图 4-3　查看指定视频帧

关联，当移动时间标尺上的【当前时间指示器】时，时间显示区域中的内容也会随之发生变化。同时，当在时间显示区域上左右拖动鼠标时，也可控制【当前时间指示器】在时间标尺上的位置，达到快速浏览和查看素材的目的。

在单击时间显示区域后，还可根据时间显示单位的不同，输入相应数值，从而将【当前时间指示器】精确移动至时间轴上的某一位置，如图4-4所示。

4. 查看区域栏

查看区域栏的作用是确定出现在时间轴上的视频帧数量。当单击横拉条左侧或者右侧的端点并向左拖动，从而使其长度减少时，【时间轴】面板在当前可见区域内能够显示的视频帧将逐渐减少，而时间标尺上各时间标记间的距离将会随之延长；反之，时间标尺内将显示更多的视频帧，并减少时间轴上的时间间隔，如图4-5所示。

4.1.2 轨道图标和选项

轨道是【时间轴】面板最为重要的组成部分，其原因在于这些轨道能够以可视化的方式来显示音视频素材、过渡和效果。而且，利用【时间轴】面板内的轨道选项，还可控制轨道的显示方式，或添加和删除轨道，并在导出项目时决定是否输出特定轨道。在 Premiere Pro CS6 中，各轨道的图标及选项如图4-6所示。

1. 切换轨道输出

在视频轨道中，【切换轨道输出】按钮用于控制是否输出视频素材。这样一来，便可以在播放或导出项目时，防止在【节目】面板内查看相应轨道中的影片。

在音频轨道中，【切换轨道输出】按钮则使用"喇叭"图标来表示，其功能是在播放或导出项目时，决定是否输出相应轨道中的音频素材。

图 4-4 调整时间显示单位

图 4-5 调整查看区域栏

图 4-6 轨道图标及选项

2. 切换同步锁定

切换同步锁定功能允许用户在处理相关联的音视频素材时，单独调整音频或视频素材在时间轴上的位置，而无需解除两者之间的关联属性，如图4-7所示。

3. 切换轨道锁定

该选项的功能是锁定相应轨道上的素材及其他各项设置，以免因误操作而破坏已编辑好的素材。当单击该选项按钮，使其出现"锁"图标🔒时，表示轨道内容已被锁定，此时无法对相应轨道进行任何修改，如图4-8所示；再次单击【切换轨道锁定】按钮后，即可去除选项上的"锁"图标🔓，并解除对相应轨道的锁定保护。

图 4-7　用异步方式调整素材

4. 设置显示样式

为了便于用户查看轨道上的不同素材，Premiere Pro CS6 分别为视频素材和音频素材提供了多种显示方式。在视频轨道中，单击【设置显示样式】按钮后，即可在弹出的菜单内进行选择，各样式的显示效果如图4-9所示。

图 4-8　锁定轨道

图 4-9　使用不同方式查看轨道上的视频素材

对于轨道上的音频素材，Premiere Pro CS6 也提供了两种显示方式。应用时，只需单击【设置显示样式】按钮，并在弹出菜单内进行选择，即可采用新的方式查看轨道上的音频素材，如图4-10所示。

4.1.3 轨道命令

在编辑影片时，往往要根据编辑需要而添加、删除轨道，或对轨道进行重命名操作。

1. 重命名轨道

在【时间轴】面板中，右击轨道后，执行【重命名】命令，即可进入轨道名称编辑状态。此时，输入新的轨道名称后，按 Enter 键，为相应轨道设置新的名称，如图 4-11 所示。

图 4-10 使用不同方式查看轨道上的音频素材

2. 添加轨道

当影片剪辑使用的素材较多时，增加轨道的数量有利于提高影片编辑效率。此时，可以在【时间轴】面板内右击轨道，并执行【添加轨道】命令，如图 4-12 所示。

在【添加视音轨】对话框的【视频轨】选项组中，【添加】选项用于设置新增视频轨道的数量，而【放置】选项即用于设置新增视频轨道的位置。在单击【放置】下拉按钮后，即可在弹出下拉列表内设置新轨道的位置，如图 4-13 所示。

图 4-11 轨道重命名

图 4-12 执行【添加轨道】命令

图 4-13 设置新轨道

完成上述设置后，单击【确定】按钮，即可在【时间轴】面板的相应位置处添加所设数量的视频轨道，如图 4-14 所示。

提 示

按照 Premiere Pro CS6 的默认设置，轨道名称会随其位置的变化而发生改变。例如，当用户以跟随视频 1 的方式添加 1 条新的视频轨道时，新轨道会以"视频 2"的名称出现，而原有的"视频 2"轨道则会被重命为"视频 3"轨道，原"视频 3"轨道则会被重命为"视频 4"轨道，并依此类推。

在【添加视音轨】对话框中，使用相同方法在【音频轨】和【音频子混合轨】选项组内进行设置后，即可在【时间轴】面板内添加新的音频轨道。

在添加【音频轨】和【音频子混合轨】时，还要在相应选项内的【轨道类型】下拉列表中选择音频轨道的类型，用户可根据影片需求进行选择。

图 4-14　　成功添加轨道

3. 删除轨道

当影片所用的素材较少，当前所包含的轨道已经能够满足影片编辑的需要，并且含有多余轨道时，可通过删除空白轨道的方法，减少项目文件的复杂程度，提高在输出影片时的渲染速度。操作时，应首先右击【时间轴】面板内的轨道，并执行【删除轨道】命令，如图 4-15所示。

在弹出的【删除轨道】对话框中，启用【视频轨】选项组内的【删除视频轨】复选框。然后，在该复选框下方的下拉列表框内选择所要删除的轨道，完成后单击【确定】按钮，即可删除相应的视频轨道，如图 4-16 所示。

在【删除轨道】对话框中，使用相同方法在【音频轨】和【音频子混合轨】选项组内进行设置后，即可在【时间轴】面板内删除相应的音频轨道。

图 4-15　　准备删除多余轨道

图 4-16　　删除"视频 4"轨道

4.2　监视器面板

在 Premiere Pro CS6 中，可直接在监视器面板或【时间轴】面板中编辑各种素材剪辑。不过，如果要进行各种精确的编辑操作，就必须先使用监视器面板对素材进行预处理后，再将其添加至【时间轴】面板内。

4.2.1　源监视器与节目监视器概述

Premiere Pro CS6 中的监视器面板不仅可在影片制作过程中预览素材或作品，还可用于精确编辑和修剪剪辑。根据监视器面板类型的不同，接下来将分别对【源】监视器面板和【节目】监视器面板进行讲解。

1.【源】监视器面板

【源】监视器面板的主要作用是预览和修剪素材，编辑影片时只需双击【项目】面板中的素材，即可通过【源】监视器面板预览其效果，如图 4-17 所示。在面板中，素材画面预览区的下方为时间标尺，底部则为播放控制区。在【源】监视器面板中，各个控制按钮的作用见表 4-1。

图 4-17　查看素材播放效果

表 4-1　【源】监视器面板部分控件的作用

图　标	名　称	作　用
	查看区域栏	用于放大或缩小时间标尺
无	时间标尺	用于表示时间，其间的"当前时间指示器"用于表示当前所播放视频画面所处的具体
	设置入点	设置素材进入时间
	标记出点	设置素材结束时间
	设置未编号标记	添加自由标记
	跳转入点	无论当前位置在何处，都将直接跳至当前素材的入点处
	跳转出点	无论当前位置在何处，都将直接跳至素材出点
	步退	以逐帧的方式倒放素材
	播放/停止切换	控制素材画面的播放与暂停
	步进	以逐帧的方式播放素材

2.【节目】监视器面板

从外观上来看，【节目】面板与【源】面板基本一致。与【源】面板不同的是，【节目】面板用于查看各素材在添加至序列，并进行相应编辑之后的播出效果，如图 4-18 所示。

> **提　示**
>
> 无论是【源】监视器面板还是【节目】监视器面板，在播放控制区中单击【按钮编辑器】按钮，弹出更多的编辑按钮，这些按钮同样是用来编辑视频文件的。

图 4-18　查看节目播放效果

4.2.2　监视器的时间控制与安全区域

与直接在【时间轴】面板中进行的编辑操作相比，在监视器面板中编辑影片剪辑的优点是能够精确、方便地控制时间。例如，除了能够通过直接输入当前时间的方式来精确定位外，还可通过步进、步退等多个工具来微调当前播放时间。

除此之外，在拖动【时间区域标杆】两端的锚点后，【时间区域标杆】变得越长，则时间标尺所显示的总播放时间越长；【时间区域标杆】变得越短，则时间标尺所显示的总播放时间也越短，如图 4-19 所示。

图 4-19 【时间区域标杆】在不同状态下的效果对比

Premiere Pro CS6 中的安全区分为字幕安全区和动作安全区两种类型，其作用是标识字幕或动作的安全活动范围。安全区的范围在创建项目时便已设定，且一旦设置后将无法进行更改。

右击监视器面板，执行【安全框】命令，即可显示或隐藏画面中的安全框，其中，内侧的安全框为字幕安全框，外侧的为动作安全框，如图4-20 所示。

● 4.2.3 监控视频图像的质量

电视信号在以模拟方式传输时，其信号电平必然会产生一定范围的波动。为了保证视频画面

图 4-20 显示安全框

的色彩平衡、对比度和亮度，就必须将视频信号的波动幅度控制在传输允许并能有效转换到其他视频格式的极限之内。在传输的电视节目制作系统中，制作人员需要使用专门的仪器实时监视和控制视频摄录的质量，而在 Premiere Pro CS6 中只需调整画面的显示模式，即可实时了解上述信息。

1. 用矢量示波器监测视频信号的色度

矢量示波器的主要功能是以矢量的形式测量全电视信号中的色度信号或色度分量，是对彩条信号、视频信号及传输信道质量监测不可缺少的仪器之一。使用矢量示波器检测图像的原因在于人类的眼睛在观察颜色时会受到主观意识，以及其他多种因素的干扰，因此要精确判断全电视信号中的颜色是否被准确输出就必须使用矢量示波器进行测量。在 Premiere Pro CS6 中，查看矢量示波器的方法是右击监视器面板，并执行【显示模式】|【矢量示波器】命令，如图 4-21 所示。

矢量示波器的画面由 R、G、B、Mg、Cy 和 Yl 这 6 个包含"田"字形方框的区域组成，它们分别代表的是彩色电视信号中的 3 原色：红色（Red）、绿色（Green）、蓝色（Blue），以及对应的 3 种补色：青色（Cyan）、品红色（Magenta）和黄色（Yellow）。当

播放标准的 75％彩条时,彩条中的原色和补色应在矢量示波器刻度盘对应的方框中形成斑点。正常情况下,各色点的矢量幅度和相位均以田字格内的十字交叉点为准,向外超出的表示有±5％的幅度和±3％相位误差,超出大角框表示有±20％的幅度和±10％相位误差。与标有字母方框相邻的方框,表示该种颜色具有 100％的饱和度。正常的视频图像在示波器中形成的矢量幅度一般不应超出以上 6 个色点形成的多边形区域。

图 4-21　切换至矢量示波器

当使用矢量示波器监测正常的电视信号时,示波器窗口内的图形会像棉絮一样的毫无规律,如图 4-22 所示。但事实上,示波器内的任何一点都与色彩的相位信息保持着严格关系,只不过彩色电视信号的色调和饱和度是随着图像内容时刻变化的而已。

实际的视频画面　　　　　　　　　　　　　　在矢量示波器中的监控画面

图 4-22　使用矢量示波器查看画面信息

在观察矢量示波器的画面时,若某种颜色在矢量示波器上形成的斑点离中心越近,说明它的色度信号越弱,即饱和度就越小(或越接近白色);离中心越远,则说明颜色越饱和(颜色较浓)。色度信号的饱和度过高将会引起色彩的溢出而影响画面色彩的真实感及清晰度,过低则画面色彩变淡;色度信号的相位偏差会引起偏色,从而影响色彩还原的准确性。

提　示

不管是黑色还是白色,它们在矢量示波器中所形成的斑点都位于测试图的中央。

此外,在非线性编辑系统中,还可以利用矢量示波器来检测由多台不同摄像机所拍摄画面的相位是否一致。不过,这就要求每台摄像机在拍摄素材之前,要先录制 5 秒钟的 75％标准彩条信号,以便通过矢量示波器检测摄像机所记录的视频质量是否正常。

2. 使用 YC 波形查看色彩强度

Premiere Pro CS6 提供 YC 波形示波器的作用是监测当前视频信号的亮度信号及叠

加色度信号后的全电视信号电平。在示波器窗口中，垂直方向表示电平的高低（计量单位为伏特，V），水平方向表示当前画面中的亮度信息分布情况。通过勾选监视器面板顶部的【色度】复选框，用户还可控制示波器窗口内是否叠加显示色度信息，如图 4-23 所示。

无色度信息时的 YC 示波器画面　　　　　　　包含色度信息的 YC 示波器画面

图 4-23　使用 YC 波形查看色彩强度

在观察 YC 示波器画面时，如果视频信号幅度过高会造成白限幅，损失画面亮部图像细节，影响画面的层次感。如果黑电平过高会使画面有雾状感，清晰度不高，图像上本来该发黑的部分却变成灰色，缺乏层次感。如果黑电平过低，虽可突出图像的亮部细节，但在画面暗淡时会出现图像偏暗或缺少层、彩色不清晰自然、肤色失真等现象。按照我国相关条文的规定，Premiere Pro PAL 制 YC 波形监视器窗口中的信号瞬间峰值电平不应超过 1.07V，叠加色度信号后的图像信号最高峰值电平不应超过 1.1V，黑电平以 0.3~0.35V 为正常。

3. YCbCr 检视和 RGB 检视示波器

从本质上来看，YCbCr 检视示波器和 RGB 检视示波器的作用与 YC 示波器完全相同，都是在检测色彩分布的同时，显示色彩的峰值信号与消隐信号范围。不同的是，YCbCr 检视示波器和 RGB 检视示波器在纵轴上没有采用 YC 示波器中的单位伏特，而是以 0%～100% 作为不同区段的刻度单位，如图 4-24 所示。

YCbCr 检视示波器　　　　　　　　　　　　RGB 检视示波器

图 4-24　YCbCr 检视示波器和 RGB 检视示波器

4.3 在序列中编辑素材

Premiere Pro CS6 中真正的视频编辑并不是在监视器中进行的，而是在【时间轴】面板中完成的，如添加素材、复制、移动及修剪素材等，在【时间轴】面板中不仅能够进行最基本的视频编辑，还能够重新设置视频的播放速度与时间，以及调整视频与音频之间的关系。

4.3.1 添加素材

添加素材是编辑素材的首要前提，其操作目的是将【项目】面板中的素材移至时间轴内。为了提高影片的编辑效率，Premiere Pro CS6 为用户提供了多种添加素材的方法，下面对其分别进行介绍。

1. 使用命令添加素材

在【项目】面板中，选择所要添加的素材后，右击该素材，在弹出菜单内执行【插入】命令，即可将其添加至时间轴内的相应轨道中，如图4-25 所示。

图 4-25　通过命令将素材添加至时间轴

> **提 示**
>
> 在【项目】面板内选择所要添加的素材后，在英文输入法状态下按快捷键"，"，也可将其添加至时间轴内。无论使用何种方式进行插入，其前提是必须在【时间轴】面板中选中视频轨道。

2. 将素材直接拖至【时间轴】面板

在 Premiere Pro CS6 工作区中，直接将【项目】面板中的素材拖曳至【时间轴】面板中的某一轨道后，也可将所选素材添加至相应轨道内，如图4-26 所示。并且能够将多个视频素材拖至同一时间轴上，从而添加多个视频素材。

4.3.2 复制和移动素材

可重复利用素材是非线性编辑系统的

图 4-26　以拖曳方式添加素材

特点之一，而实现这一特点的常用手法便是复制素材片段。不过，对于无需修改即可重复使用的素材来说，向时间轴内重复添加素材与复制时间轴已有素材的结果相同。但是，当需要重复使用的是修改过的素材时，便只能通过复制时间轴已有素材的方法来实现。

单击工具栏中的【选择工具】按钮后，在时间轴上选择所要复制的素材，并在右击该素材后执行【复制】命令，如图4-27 所示。

接下来，将【当前时间指示器】移至空白位置处后，按 Ctrl+V 快捷键，即可将刚刚复制的素材粘贴至当前位置，如图 4-28 所示。

提 示

在粘贴素材时，新素材会以当前位置为起点，并根据素材长度的不同，延伸至相应位置。在此过程中，新素材会覆盖其长度范围内的所有其他素材，因此在粘贴素材时必须将【当前时间指示器】移至拥有足够空间的空白位置处。

完成上述操作后，使用【选择工具】 依次向前拖动各个素材，调整其位置，使相邻素

图 4-27　复制素材

材之间没有间隙。在移动素材的过程中，应避免素材出现相互覆盖的情况，如图 4-29 所示。

图 4-28　粘贴素材

图 4-29　移动素材

4.3.3　修剪素材

在制作影片用到的各种素材中，很多时候只需要使用素材内的某个片段。此时，需要对源素材进行裁切，并删除多余的素材片段。要删除某段素材片段，首选拖动时间标尺上的【当前时间指示器】，将其移至所需要裁切的位置，如图 4-30 所示。

接下来，在工具栏内选择【剃刀工具】 后，在【当前时间指示器】的位置处单击时间轴上的素材，即可将该素材裁切为两部分，如图 4-31 所示。

图 4-30　确定时间点

在裁切素材时，移动【当前时间指示器】的目的是确认裁切画面的具体位置。而且，在将【剃刀工具】图标 前的虚线与编辑线对齐后，即可从当前视频帧的位置来裁切源素材。

最后，使用【选择工具】单击多余素材片段，按 Delete 键将其删除，如图 4-32 所示，即可完成裁切素材多余部分的操作。如果所裁切的视频素材带有音频部分，则音频部分也会随同视频部分被分为两个片段。

图 4-31 裁切素材

图 4-32 删除素材片段

在 Premiere Pro CS6 中，视频素材的修剪还有一种更为简单的方法，那就是直接在【项目】面板中进行裁剪。方法是，在【项目】面板中选中要裁剪的视频素材，单击进度条确定视频位置，按快捷键 I 确定视频入点。向右拖动进度条确定视频位置，按快捷键 O 确定视频出点，如图 4-33 所示。

图 4-33 设置入点与出点

这时，将裁剪后的视频素材插入【时间轴】面板后，发现该视频的播放时间明显缩短，说明插入的视频是裁剪后的视频，并不是原视频文件，如图 4-34 所示。

提 示

在【项目】面板中裁剪的视频，不会破坏原视频文件，而且还能够在不影响【时间轴】面板中视频的情况下，恢复成原视频文件。

图 4-34 插入裁剪后的视频

4.3.4 调整素材的播放速度与时间

Premiere Pro CS6 中的每种素材都有其特定的播放速度与播放时间。通常情况下,音视频素材的播放速度与播放时间由素材本身所决定,而图像素材的播放时间则为 5 秒。不过,根据影片编辑的需求,很多时候需要调整素材的播放速度或播放时间。

图 4-35 调整图片素材的播放时间

1. 调整图片素材的播放时间

将图片素材添加至时间轴后,将鼠标指标置于图片素材的末端。当光标变为"向右箭头"图标时,向右拖动鼠标,即可随意延长其播放时间,如图 4-35 所示。如果向左拖动鼠标,则可缩短图片的播放时间。

提示

如果图片素材的左侧存在间隙,使用相同方法向左拖动图片素材的前端,也可延长其播放时间。不过,无论是拖动图片素材的前端或末端,都必须在相应一侧含有间隙时才能进行。也就是说,如果图片素材的两侧没有间隙,则 Premiere Pro CS6 将不允许通过拖动素材端点的方式来延长其播放时间。

图 4-36 执行【速度/持续时间】命令

2. 调整视频播放速度

当所要调整的是视频素材时,通过拖动只能够改变视频播放时间,由于播放速度并未发生变化,因此造成的结果便是素材内容的减少。如果需要在不减少画面内容的前提下调整素材的播放时间,便只能通过更改播放速度的方法来实现。方法是,在【时间轴】面板内右击视频素材,执行【速度/持续时间】命令,如图 4-36 所示。

图 4-37 降低素材播放速度

在【素材速度/持续时间】对话框中,将【速度】设置为50%后,即可将相应视频素材的播放时间延长一倍,如图 4-37所示。

如果需要精确控制素材的播放时间,则应在【素材速度/持续时间】对话框内调整【持续时间】选项,如图 4-38 所示。

此外,在【素材速度/持续时间】对话框内勾选【倒放速度】复选框后,还可颠倒视频素材的播放顺序,使其从末尾向前进行倒序播放,如图 4-39 所示。

图 4-38 精确控制素材播放时间

4.3.5　音视频素材的组合与分离

除了默片（无声电影）或纯音乐外，几乎所有的影片都是图像与声音的组合。换句话说，所有的影片都由音频和视频两部分组成，而这种相关的素材又可以分为硬相关和软相关两种类型。

图 4-39　倒序播放

在进行素材导入时，当素材文件中即包括音频又包括视频时，该素材内的音频与视频部分的关系即称为硬相关。在影片编辑过程中，如果人为地将两个相互独立的音频和视频素材联系在一起，则两者之间的关系即称为软相关。

对于一段即包含音频又包含视频的素材来说，由于音频部分与视频部分存在硬相关的原因，对素材所进行的复制、移动和删除等操作，将同时作用于素材的音频部分与视频部分，如图 4-40 所示。

图 4-40　同时移动视频与音频素材

根据需要，在【时间轴】面板内右击上述素材，并执行【解除音视频链接】命令，即可解除相应素材内音频与视频部分的硬相关联系。此时，当在视频轨道内移动素材时，相应操作便不再会影响音频轨道内的素材，如图 4-41 所示。

图 4-41　解除音视频素材的硬相关联系

4.4　装配序列

由于拍摄的视频素材并不一定完全应用到最终效果中，这时就需要适当的剪辑和进行不同时间点的插入等。当熟悉监视器面板与【时间轴】面板后，就可以将两者结合，针对不同视频素材的设置、剪辑与合成，从而组合自己的视频短片。

4.4.1　设置素材的入点与出点

入点和出点的功能是标识素材可用部分的起始时间与结束时间，以便 Premiere Pro CS6 有选择地调用素材，即只使用出点与入点区间之内的素材片段。简单地说，出点和入点的作用是在添加素材之前，将素材内符合影片需求的部分挑选出来后直接使用。

在 Premiere Pro CS6 中，虽然可以在【项目】面板中进行素材的出入点设置，但是并不能进行精确的设置。要想精确地设置素材的出入点，则需要在【源】监视器面板内进行，因此在操作前必须先将【项目】面板内的素材添加至【源】面板中，如图 4-42

所示。

在【源】面板中，确定【当前时间指示器】的位置后，单击【标记入点】按钮，或者直接按快捷键I，即可在当前视频帧的位置上添加入点标记，如图4-43所示。

图 4-42　将素材添加至【源】监视器面板　　图 4-43　设置素材入点

提 示

当监视器面板中没有想要的编辑按钮时，单击该面板底部的【按钮编辑器】按钮。在弹出的编辑按钮中，单击并拖动某个编辑按钮至按钮放置区域，即可添加该编辑按钮。这时，单击【确定】按钮完成添加操作。

接下来，在【源】面板内再次调整【当前时间指示器】的位置后，单击【标记出点】按钮，或者直接按快捷键O，即可在当前视频帧的位置上添加出点标记，如图4-44所示。

此时，入点与出点之间的内容即为素材内所要保留的部分。在将该素材添加至时间轴后，可发现素材的播放时间与内容已经发生了变化：Premiere Pro CS6 将不再播放入点与出点区间以外的素材内容，如图4-45所示。

在随后的编辑操作中，如果不再需要之前所设定的入点和出点，只需右击【源】监视器面板后，执行【清除入点和出点】命令即可，如图4-46所示。

图 4-44　设置素材出点

注 意

对于同一素材源来说，清除出点与入点的操作不会影响已添加至时间轴上的素材副本，但当用户再次将素材从【项目】面板添加至时间轴时，Premiere Pro CS6 会按照新的素材设置来应用该素材。

图 4-45　源素材与设置出入点后的素材对比

4.4.2 使用标记

编辑影片时，在素材或时间轴上添加标记后，可以在随后的编辑过程中快速切换至标记的位置，从而实现快速查找视频帧，或与时间轴上的其他素材快速对齐的目的。

1. 为素材添加标记

在【源】面板中，确定【当前时间指示器】的位置后，单击【设置未编号标记】按钮，即可在当前视频帧的位置处添加无编号的标记，如图 4-47 所示。

此时，将含有未编号标记的素材添加至时间轴上后，即可在素材上看到标记符号，如图 4-48 所示。在含有硬相关联系的音视频素材中，所添加的未编号标记将同时作用于素材的音频部分和视频部分。

图 4-46　清除素材上的出点与入点

2. 在时间标尺上设置标记

不仅可以为【素材源】面板内的素材添加标记，还可在【时间轴】面板内直接为序列添加标记。这样一来，便可快速将素材与某个固定时间相对齐。

图 4-47　添加未编号标记

在【时间轴】面板中，将【当前时间指示器】移动至合适位置后，单击面板内的【设置未编号标记】按钮，即可在当前标尺的位置上添加无编号标记，如图 4-49 所示。

图 4-48　包含未编号标记的素材

图 4-49　在时间轴标尺上添加未编号标记

3. 标记的应用

为素材或时间轴添加标记后，便可以利用这些标记来完成对齐素材或查看素材内的某一视频帧等操作，从而提高影片编辑的效率。

❑ **对齐素材**

在【时间轴】面板内拖动含有标记的素材时，利用素材内的标记可快速与其他轨道内的素材对齐，或将当前素材内的标记与其他素材内的标记对齐，如图4-50所示。

图 4-50 使用标记对齐素材

❑ **查找标记**

在【源】面板中，单击【到下一标记】按钮 ，则可将【当前时间指示器】移至下一标记处，如图4-51所示。如果单击面板内的【到前一标记】按钮 ，即可将【当前时间指示器】快速移动至前一标记处。

如果要在【时间轴】面板内查找标记，只需右击【时间轴】面板内的时间标尺，执行【到一下标记】命令，即可将【当前时间指示器】快速移动至前一标记处，如图4-52所示。如果执行【到上一标记】命令，则可将【当前时间指示器】移至下一标记处。

图 4-51 查找素材内的标记

4.4.3 插入和叠加编辑

在【源】面板内完成要对素材进行的各种操作后，便可以将调整后的素材添加至时间轴上。但是从【源】面板向【时间轴】面板中添加视频素材，包括两种添加方法——插入与叠加。

图 4-52 在时间轴上查找标记

1．插入编辑

在当前时间轴上没有任何素材的情况下，在【源】面板中右击，执行【插入】命令向时间轴内添加素材的结果，与直接向时间轴添加素材的结果完全相同。不过，将【当前时间指示器】移至时间轴已有素材的中间时，单击【源】面板中的【插入】按钮 ，Premiere Pro CS6 便会将时间轴上的素材一分为二，并将【源】面板内的素材添加至两者之间，如图4-53所示。

图 4-53 插入编辑素材

2．覆盖编辑

与插入编辑不同，当用户采用覆盖编辑的方式在时间轴已有素材中间添加新素材时，新素材将会从【当前时间指示器】处替换相应时间的源有素材片段，如图4-54所示。其结果便是，时间轴上的原有素材内容会减少。

图 4-54　以覆盖编辑方式添加素材

4.4.4　提升与提取编辑

在【节目】面板中，Premiere Pro CS6 提供了两个方便的素材剪除工具，以便快速删除序列内的某个部分，下面将对其应用方法进行简单介绍。

1．提升编辑操作

提升操作的功能是从序列内删除部分内容，但不会消除因删除素材内容而造成的间隙，其编辑方法是，打开待修改项目后，分别在所要删除部分的首帧和末帧位置处设置入点与出点，如图4-55所示。

然后，单击【节目】面板内的【提升】按钮，即可从入点与出点处裁切素材后，将出入点区间内的素材删除，如图4-56所示。无论出入点区间内有多少素材，都将在执行提升操作时被删除。

2．提取编辑操作

与提升操作不同的是，提取编辑会在删除部分序列内容的同时，消除因此而产生的间隙，从而减少序列的持续时间。例如，在【节目】面板中为序列设置入点与出点后，单击【节目】面板中的【提取】按钮，如图4-57所示。

图 4-55　设置入点与出点

4.4.5　嵌套序列

时间轴内多个素材的组合称为"序列"，而时间轴与序列的区别是：一个时间轴中可以包含多个序列，而每个序列内则装载着各种各

图 4-56　执行提升操作

样的视频素材。

1. 创建新序列

按照默认设置，在创建项目文件时便会创建一个序列。此外，根据影片的编辑需要，还可以在一个项目文件中创建多个序列。方法是，在【项目】面板中，单击【新建分项】按钮，执行【序列】命令，在弹出的【新建序列】对话框中设置相应选项后，即可创建一个新序列，如图4-58所示。

2. 嵌套序列

当项目内包含多个序列进行操作时，只需

图 4-57　执行提取操作

要右击【项目】面板中的序列，执行【插入】命令，或直接将其拖至轨道中，即可将所选序列嵌套至【时间轴】面板中的目标序列内，如图4-59所示。

图 4-58　创建新建序列

图 4-59　嵌套序列

利用该特性，可以将复杂的项目分解为多个短小的序列，再将它们组合在一个序列中，从而降低影片编辑的难度。并且，每次嵌套序列时，都可以在【时间轴】面板内对其进行修剪、添加视频转场或特效等操作。

4.5　应用视频编辑工具

虽然通过【源】面板能够进行视频素材的剪辑，但是当视频素材导入到【时间轴】面板后，就无法再通过【源】面板剪辑【时间轴】面板中的视频。所以，在【时间轴】面板中进行视频剪辑更加灵活与方便，特别是在有两个或两个以上的视频短片的情况下。

4.5.1　滚动编辑

利用【滚动编辑工具】，可以在【时间轴】面板内通过直接拖动相邻素材边界的方法，同时更改编辑两侧素材的入点或出点。方法是打开待修改的项目文件后，分别将素材"北海白塔 07"和素材"北海白塔 11"设置出入点，并将其添加至时间轴内，如图 4-60 所示。

提 示

在进行滚动编辑操作时，必须为所编辑的两素材设置入点和出点。否则，将无法进行两个素材之间的调节操作。

图 4-60 编辑项目

选择【滚动编辑工具】后，在【时间轴】面板内将该光标置于两个视频之间，当光标变为"双层双向箭头"图标时向左拖动鼠标，如图 4-61 所示。

提 示

如果之前使用【滚动编辑工具】向右拖动，则会在序列持续播放时间不变的情况下，减少素材"北海白塔 11"的播放时间与播放内容，而为素材"北海白塔 07"增加相应的播放时间与播放内容。

图 4-61 滚动编辑操作

上述操作的功能是在序列上向左移动素材"北海白塔 07"出点的同时，将素材"北海白塔 11"的入点也在序列上向左移动相应距离。从而在不更改序列持续时间的前提下，增加素材"北海白塔 11"在序列内的持续播放时间，并减少素材"北海白塔 07"在序列内相应的播放时间。

4.5.2　波纹编辑

与滚动编辑不同的是，波纹编辑能够在不影响相邻素材的情况下，对序列内某一素材的入点或出点进行调整。方法是，打开待修改项目后，选择【波纹编辑工具】，并在【时间轴】面板内将其置于素材"北海白塔07"的末尾。当光标变为"右括号与双击箭头"图标时，向左拖动鼠标，如图4-62所示。

在上述操作中，【波纹编辑工具】会在序列上向左移动素材"北海白塔07"的出点，从而减少其播放时间与内容。与此同时，素材"北海白塔11"不会发生任何变化，但该素材在序列上的位置却会随着素材"北海白塔07"持续时间的减少而调整相应的距离。因此，序列不会由于素材"北海白塔07"持续时间的减少而出现空隙，但其持续时间随素材"北海白塔07"持续时间的减少而相应缩短。

4.5.3　滑移编辑

利用Premiere Pro CS6所提供的滑移编辑工具，可以在保持序列持续时间不变的情况下，同时调整序列内某一素材的入点与出点，并且不会影响该素材两侧的其他素材。打开项目后，分别为三个图像素材设置入点与出点，并将其添加至时间轴内，如图4-63所示。

选择工具栏板内的【错落工具】后，在【时间轴】面板内将其置于中间素材上，并向左拖动鼠标，如图4-64所示。

上述操作不会对序列的持续时间产生任何影响，但序列内中间素材的播放内容却会发生变化。简单地说，之前素材出点处的视频帧将会出现在修改后素材的出入点区间内，而素材原出点后的某一视频帧则会成为修改后素材出点处的视频帧。

图 4-62　波纹编辑操作

图 4-63　添加素材

图 4-64　同时调整中间素材的入点与出点

4.5.4 滑动编辑

与滑移编辑一样的是，滑动编辑也能够在保持序列持续时间不变的情况下，在序列内修改素材的入点和出点。不过，滑动编辑所修改的对象并不是当前所操作的素材，而是与该素材相邻的其他素材。

选择工具栏内的【滑动工具】 后，在【时间轴】面板内将其置于中间素材上，并向左拖动鼠标，如图 4-65 所示。

上述操作的结果是，序列内左侧素材的出点与右侧素材的入点同时向左移动，左侧素材的持续时间有所减少，而右侧素材的持续时间则有所增加。而且，右侧素材所增加的持续时间与左侧素材所减少的持续时间相同，整个序列的持续时间保持不变。至于中间素材，其播放内容与持续时间都不会发生变化。

图 4-65 滑动编辑操作

4.6 课堂练习：北海一日游

旅游过程中拍摄的视频都是看到什么拍什么，并不会精确地计算时间，也不会将所有过程全部记录下来，所以需要进行后期整理。本实例制作的就是旅游视频记录，将拍摄的视频有选择地组合在一起，并且通过设置视频的出入点来控制视频的播放内容，就可以得到记录旅游的视频效果，如图 4-66 所示。

图 4-66 视频效果

具体操作步骤如下。

1 启动 Premiere Pro CS6，在【新建项目】对话框中，单击【浏览】按钮，选择文件的保存位置。在【名称】栏中输入"北海一日游"文本，单击【确定】按钮，创建项目，如图

4-67 所示。

图 4-67　新建项目

2　在【项目】面板中右击，执行【导入】命令，在【导入】对话框中选择视频素材，将其导入到【项目】面板中，如图 4-68 所示。

图 4-68　导入视频素材

3　双击【项目】面板中的素材"北海白塔03.avi"，在【源】监视器面板中显示该视频。拖动【当前时间指示器】确定位置，单击【标记入点】按钮　{　，添加入点标记，如图4-69 所示。

图 4-69　标记入点

4　继续在【源】监视器面板中拖动【当前时间指示器】确定位置，单击【标记出点】按钮　}　，添加出点标记，如图 4-70 所示。

图 4-70　标记出点

5　在【项目】面板中右击该视频素材，执行【插入】命令，将其插入至【时间轴】面板中，如图 4-71 所示。

图 4-71　插入视频

6　在【项目】面板中滑动鼠标查看视频"北海白塔远眺 05.avi"，在其中单击进度条后按快捷键 I 设置入点。继续单击进度条后端确定位置后按快捷键 O 设置出点，如图 4-72 所示。

图 4-72　设置出入点

7 确定【时间轴】面板中的【当前时间指示器】放置在视频末端，按快捷键"，"，将裁剪后的视频插入【时间轴】面板中，如图4-73所示。

图4-73　插入视频

8 按照上述方法，分别在【项目】面板中设置其他视频的出入点后，依次将视频"北海法轮殿01.avi"、"北海风吹树03.avi"和"北海波光05.avi"拖入【时间轴】面板中，如图4-74所示。

图4-74　插入视频

9 依次选中【时间轴】面板中的视频片段，在【特效控制台】面板中设置【运动】选项中的【缩放】子选项为60%，使视频画面刚好显示在【节目】监视器中，如图4-75所示。

10 单击【节目】监视器面板中的【播放_停止切换】按钮 ▶，查看视频效果，发现视频"北海风吹树03.avi"播放时间过长。确定【时间轴】面板中的【当前时间指示器】位置，选择工具箱中的【剃刀工具】，

在该位置单击将视频切割为两个视频，如图4-76所示。

图4-75　缩放画面尺寸

图4-76　切割视频

11 选择工具箱中的【选择工具】 ▶，选中【时间轴】面板中被切割后的右侧视频片段，按Delete键删除该视频。然后选中最后一个视频片段向左移动，如图4-77所示。

图4-77　删除并移动视频

12 再次单击【节目】监视器面板中的【播放_停止切换】按钮 ▶ ，查看视频效果，确 定视频无误后，按 Ctrl+S 快捷键保存文件，完成旅游记录视频制作。

4.7 课堂练习：制作快慢镜头特效

本例制作影片的快慢镜头特效。在制作过程中，主要通过切割素材，设置其速度持续时间，以调整影片的播放速度，制作快慢镜头。而通过复制素材，则能够制作出画中画效果。从而将一段普通的视频制作成具有节奏感十足，并且画面丰富的效果，如图 4-78 所示。

图 4-78 视频的快慢镜头效果

具体操作步骤如下。

1 启动 Premiere Pro CS6，在【新建项目】对话框中，单击【浏览】按钮，选择文件的保存位置。在【名称】栏中输入"制作快慢镜头特效"文本，单击【确定】按钮，创建新项目，如图 4-79 所示。

图 4-79 新建项目

2 在【项目】面板中双击，打开【导入】对话框，选择素材，导入该面板中。在该面板中通过滑动鼠标查看视频后，在进度条末端位置按快捷键 O 设置出点，如图 4-80 所示。

提示

通过滑动鼠标查看视频后，发现视频尾部的视频效果晃动较为剧烈。这时可以通过建立出点，将晃动的视频屏蔽，这样就不用插入时间轴，省去了后期裁剪与删除操作。

3 按快捷键","将视频插入【时间轴】面板的"视频1"轨道上。单击并向左拖动横拉条右侧端点，放大视频显示范围，如图 4-81 所示。

4 单击【时间轴】面板中的视频将其选中，在【特效控制台】面板中，设置【运动】选项中的【缩放】子选项为 55%，使视频最大限度地显示在监视器中，如图 4-82 所示。

图 4-80　导入并设置出点

图 4-81　插入视频

图 4-82　缩放视频尺寸

5　拖动【时间轴】面板中的【当前时间指示器】
　　至 00:00:03:16 处，选择工具箱中的【剃刀
　　工具】 在该位置单击，切割视频为两段，
　　如图 4-83 所示。

6　按照上述方法，在 00:00:15:02 处切割视频，
　　将整段视频切割为三段。选择工具箱中的

【选择工具】 ，右击中间视频，执行【速
度/持续时间】命令，在弹出的【素材速度/
持续时间】对话框中，设置【速度】为 400%，
如图 4-84 所示。

图 4-83　切割视频

图 4-84　设置播放速度

7　右击右侧视频，在弹出的菜单中执行【速度
　　/持续时间】命令，在弹出的对话框中，设
　　置【速度】为 40%，放慢播放速度，如图
　　4-85 所示。

图 4-85　放慢播放速度

提 示

如果要设置放慢播放速度的视频在中间，那么需要先将后半部分素材向后移动，设置中间素材的速度时间后，再将其向前移动，避免素材的叠加。

8 将右侧视频向左移动，与中间视频衔接后复制该视频。选中"视频 2"轨道进行粘贴，并且移动其位置，与相同视频的播放时间相一致，如图 4-86 所示。

图 4-86 移动与复制视频

9 选中"视频 2"轨道中的视频，在【特效控制台】面板中设置【运动】选项的【缩放】子选项为 20%，如图 4-87 所示。

10 继续在【特效控制台】面板中设置【运动】选项的【位置】子选项为 536.0，465.0，改变小尺寸视频的显示位置，形成画中画效

图 4-87 缩放视频尺寸

提 示

画中画效果中的小尺寸视频，其摆放位置应该根据大尺寸视频中的主题位置来决定。只要不影响主题显示，可以任意放置小尺寸视频。

图 4-88 确定视频显示位置

11 设置完成后，单击【节目】监视器面板中的【播放/停止切换】按钮 ▶，查看视频效果，确定视频无误后，按 Ctrl+S 快捷键保存文件，完成快慢镜头特效的制作。

4.8 思考与练习

一、填空题

1. 在【_____】面板中，时间轴标尺上的各种控制选项决定了查看影片素材的方式，以及影片渲染和导出的区域。

2. Premiere Pro CS6 中的安全区分为_____安全区和动作安全区两种类型。

3. _____示波器的画面由 R、G、B、Mg、Cy 和 Yl 这 6 个包含"田"字形方框的区域组成。

4. 在【时间轴】面板中，通过单击_____可以添加标记。

5. 利用_____工具，可以在【时间轴】面板内通过直接拖动相邻素材边界的方法，同时

更改编辑两侧素材的入点或出点。

二、选择题

1. 以下列选项中，无法在【源】监视器面板内进行的操作是_____。

    A．设置入点与出点

    B．设置标记

    C．预览素材内容

    D．分离素材中的音频与视频部分

2. 拖动【时间轴】面板中的_____，能够查看视频效果。

    A．缩放滑块   B．当前时间指示器

    C．查看区域   D．时间标尺

3. YC 波形示波器的作用是_____。

    A．查看视频画面的色彩饱和度

    B．查看视频画面的色彩强度

    C．查看音频信号的播放强度

    D．查看音频信号的波形图

4. 在下列选项中，无法将素材添加至序列的是_____。

    A．选择素材后，在英文输入法状态下按"逗号（,）"键

    B．直接将素材拖至时间轴内

    C．在【项目】面板内双击素材

    D．右击素材后，执行【插入】命令

5. 在下列有关嵌套序列的描述中，错误的是_____。

    A．合理使用嵌套序列可降低影片编辑难度

    B．合理使用嵌套序列可提高影片编辑效率

    C．合理使用嵌套序列可优化主序列的序列装配结构

    D．嵌套序列只会影响影片输出速度，无其他任何益处

三、问答题

1. 如何在【时间轴】面板中添加标记？

2. 简述【源】面板与【节目】面板之间的区别。

3. 在【源】面板中，怎么为素材设置入点与出点？

4. 提升与提取之间的区别是什么？

5. 要使用工具栏中的编辑工具编辑【时间轴】面板中的视频，在导入其中时，需要如何设置视频素材？

四、上机练习

1. 在视频中插入另外一个视频

当【时间轴】面板中添加视频素材后，将【当前时间指示器】放置在视频片段的某个时间点。然后将【项目】面板中的另外一个视频素材放置在【源】面板中，最后单击该面板中的【插入】按钮 ，即可在【当前时间指示器】所在的位置插入另外一段视频，而【当前时间指示器】右侧的原视频片段向右偏移，如图 4-89 所示。

图 4-89 插入视频

2. 创建片头素材

Premiere Pro CS6 中的片头素材是指影片正式开始播放前的倒计时部分，根据需要用户可自定义该素材。创建片头素材的方法是在执行【文件】|【新建】|【倒计时向导】命令后，首先在弹出的【新建通用倒计时片头】对话框内设置素材参数。在单击【确定】按钮后，在接下来弹出的【倒计时向导设置】对话框内设置素材内容，如图 4-90 所示。

继续单击【确定】按钮后关闭对话框，【项目】面板中显示新建的"倒计时向导"视频素材。将该视频插入【时间轴】面板后，即可在【节目】监视器面板中查看倒计时视频效果，如图 4-91 所示。

图 4-90　倒记时参数设置

图 4-91　倒计时视频

第 5 章

视频转场效果

　　视频转场是指电视节目和电影或视频编辑时，不同的镜头之间进行切换所呈现的过渡效果。这种技术被广泛应用于数字电视制作中，是比较普遍的技术手段。电视转场的加入会使节目更富有表现力，更能突出影片的风格。

　　在本章节中，主要介绍 Premiere Pro CS6 中的视频转场特效，通过对本章的学习，可以了解视频转场在影片中的运用和一些常用视频转场的效果，并掌握如何为影片添加视频转场的操作方法。另外，还介绍了预设动画特效的添加方法。

本章学习要点：

➢ 预设动画特效

➢ 认识视频转场

➢ 添加和删除视频转场

➢ 设置默认转场参数

➢ 了解不同转场的效果

5.1 预设动画特效

在 Premiere Pro CS6 中，针对视频素材中的各种情况准备了不同的特效，如过渡的音频与视频特效、用于调整素材色调的特效和改变画面质量的特效等。而要应用这些特效，除了需要将其添加至轨迹的素材中，还需要在【特效控制台】面板中进行选项参数设置，如用于调整素材画面色彩的【色彩校正】特效等。

当不熟悉视频特效操作时，可以使用【预设】特效组中的各种特效，直接添加至素材中，显示预设的效果，基本解决视频画面中所遇到的各种效果。

5.1.1 画面特效

在【预设】动画特效组中，有一些特效是专门用来修饰视频画面效果的，如【斜角边】与【卷积内核】特效。添加这些特效组中的预设特效，能够直接得到想要的特效效果。

1. 斜角边

【斜角边】特效组中的特效添加至素材后，即可在视频画面中显示出相应的效果。其中该特效组中包括【厚斜边】与【薄斜边】特效，两个特效是同一个特效的不同参数所得到的效果，如图 5-1 所示。

图 5-1 【厚斜边】与【薄斜边】特效

2. 卷积内核

【卷积内核】特效组与【视频特效】|【调整】中的【卷积内核】特效基本相同，只是后者是需要设置的特效，前者不需要进行设置，只要将特效添加至素材后，视频画面即可显示出与特效名称相符的效果，如图 5-2 所示。

5.1.2 入画与出画预设动画

【预设】特效组中，有一部分特效是专门用来设置素材在播放的开始或是结束时的画面效果。由于这些特效带有动画效果，所以也添加了关键帧。

图 5-2 【卷积内核】特效组效果

1. 旋转扭曲

【旋转扭曲】特效组能够为画面添加扭曲效果，而该特效组中包括【旋转扭曲入】与【旋转扭曲出】两个特效。这两种特效效果相同，只是播放时间不同，一种是在素材

播放开始显示，另一种是在素材播放
结束时显示，如图 5-3 所示。

2. 曝光过度

【曝光过度】特效组是改变画面色
调显示曝光效果，虽然同样是曝光过
度效果，但是入画与出画的曝光效果
除了在播放时间方面不一样之外，其
效果也完全相反，如图 5-4 所示为【曝
光过度入】特效效果。

3. 模糊

图 5-3 【旋转扭曲入】特效

【模糊】特效组中同样包括入画与出画模糊动画，并且效果完全相反。只要将【快
速模糊入】或者【快速模糊出】特效添加至素材上即可，如图 5-5 所示为【快速模糊入】
特效效果。

图 5-4 【曝光过度入】特效

4. 马赛克

【马赛克】特效组中的【马赛克入】与【马赛克出】特效是同一个特效中的两个相
反的动画效果，同时这两个效果分别设置在播放的前一秒或者后一秒，如图 5-6 所示。

5. 画中画

当两个或两个以上的素材出现在同一时间段时，要想同时查看效果，必须将位于上
方的素材画面缩小。【画中画】特效组中预置了一定缩放尺寸的画中画效果——25%，并
且以该比例的画面为基准，设置了 25% 的画面的各种运动动画。

以【25% 上右】特效组为例，在该特效组中包括 7 个不同的特效，如静止在上右位

置、由上右位置进入并放大至 25%、由上右位置放置至全屏、由上右位置旋转进入画面等，均是以画面右上角进行动画播放，如图 5-7 所示为【画中画 25%上左放大至全屏】特效效果。

图 5-5　【快速模糊入】特效

图 5-6　【马赛克入】特效效果

> **提　示**
>
> 【画中画】特效是通过在素材本身的【运动】选项组中的【位置】、【缩放】和【旋转】选项中添加关键帧并设置参数来实现的。

5.2　转场特技设置

在制作影片的过程中，镜头与镜头间的连接和切换可分为有技巧切换和无技巧切换两种类型。其中，无技巧切换是指在镜头与镜头之间直接切换，这是最基本的组接方法之一，在电影中应用较为频繁。有技巧切换是指在镜头

图 5-7　画中画效果

组接时加入淡入淡出、叠化等视频转场过渡手法，使镜头之间的过渡更加多样化。

5.2.1　添加转场

如今在制作一部电影作品时，往往要用到成百上千的镜头。这些镜头的画面和视角大都千差万别，因此直接将这些镜头连接在一起会让整部影片显示断断续续。为此，在编辑影片时便需要在镜头之间添加视频转场，使镜头与镜头间的过渡更为自然流畅，使影片的视觉连续性更强。

例如，拍摄由远至近的人物，由于长镜头的拍摄时间过长，所以删除中间拉近过程，直接通过渐隐为白色将相对独立的两个镜头连接在一起，形成统一视频效果，如图 5-8 所示。

Premiere Pro CS6 中文版标准教程

94

在 Premiere Pro CS6 中，系统共为用户提供了 70 多种视频转场效果。这些视频转场被分类放置在【效果】面板【视频切换】文件夹中的 10 个子文件夹中，如图 5-9 所示。

要在镜头之间应用视频转场，只需将某一转场效果拖曳至时间轴上的两素材之间即可，如图 5-10 所示。

此时，单击【节目】面板内的【播放/停止切换】按钮 ▶，或直接按空格键后，即可预览所应用视频转场的效果，如图 5-11 所示。

图 5-8　使用转场连接镜头

5.2.2　转场设置

在编排镜头的过程中，有些时候很难预料镜头在添加视频转场后产生怎样的效果。此时，往往需要通过清除、替换转换的方法，尝试应用不同的转场，并从中挑选出最为合适的效果。

图 5-9　视频转场分类列表

图 5-10　添加视频转场

图 5-11　预览视频转场效果

1．清除转场

在感觉当前所应用视频转场不太合适时，只需在【时间轴】面板内右击视频转场后，执行【清除】命令，即可解除相应转场对镜头的应用效果，如图 5-12 所示。

2．替换转场

与清除转场后再添加新的转场相比，使用替换转场来更新镜头所应用视频转场的方法更为简便。操作时，只需将新的转场效果覆盖在原有转场上，即可将其替换，如图 5-13 所示。

图 5-12 清除视频转场　　　　图 5-13 替换转场特效

5.2.3 设置默认转场

为了使用户更自由地发挥想象力，Premiere Pro CS6 允许用户在一定范围内修改视频转场的效果。也说是说，用户可根据需要对添加后的视频转场进行调整。

在【时间轴】面板内选择视频转场后，【特效控制台】面板中便会显示该视频转场的各项参数，如图 5-14 所示。

提　示

在将鼠标置于选项参数的数值位置上后，光标变成形状时，左右拖动鼠标就可以更改参数值。

单击【持续时间】选项右侧的数值后，在出现的文本框内输入时间数值，即可设置视频转场的持续时间，如图 5-15 所示。

在【特效控制台】面板中，勾选【显示实际来源】选项后，转场所连接镜头画面在转场过程中的前后效果将分别显示在 A、B 区域内，如图 5-16 所示。

当添加的转场特效为上下或左右动画时，在特效预览区中，通过单击方向按钮，即可设置视频转场效果的开始方向与结束方向，如图 5-17 所示。

图 5-14 视频转场参数面板

图 5-15 修改视频转场的持续时间

图 5-16 显示素材画面

图 5-17 设置视频转场方向

注 意

当添加的转场特效为圆形动画时,在特效预览区中,就不会出现方向按钮,所以不能够进行方向的改变。此外,可以单击【播放转场过渡效果】按钮▶,在预览区中预览视频转场效果。

单击【对齐】下拉按钮,能够在【对齐】下拉列表中选择特效位于两个素材上的位置。例如,选择"开始于切点"选项,视频转场效果会在时间滑块进入第2个素材时开始播放,如图5-18所示。

在调整【开始】或【结束】选项内的数值,或拖动该选项下方的时间滑块后,还可设置视频转场在开始和结束时的效果,如图5-19所示。

此外,在调整【边宽】选项后,还可更改素材在转场效果中的边框宽度。如果需要设置边框颜色,则可设置【边色】选项,如图5-20所示。

图 5-18 改变视频转场在素材上的位置

图 5-19 调整转场的初始与结束效果

图 5-20 调整素材边框与边框颜色

如果想要更为个性化的效果，则可勾选【反转】复选框，从而使视频转场采用相反的顺序进行播放，如图 5-21 所示。

单击【抗锯齿品质】下拉按钮，并在【抗锯齿品质】下拉列表中选择品质级别选项后，可以调整视频转场的画面效果，如图 5-22 所示。

5.3 三维运动

三维运动类视频转场主要体现镜头之间的层次变化，从而给观众带来一种从二维空间到三维空间的立体视觉效果。三维运动类视频转场包含多种转场方式，如向上折叠、帘式、摆入、摆出等。

5.3.1 旋转式三维运动

旋转方式的三维运动特效最能够表现出三维对象在三维空间中的运动效果。而在【三维运动】特效组中，包括多种旋转方式的转场特效。

在【旋转】视频转场中，镜头画面二从镜头画面一的中心处逐渐伸展开来，特征是镜头画面二的高度始终保持正常，变化的只是镜头画面二的宽度，如图 5-23 所示。

与【旋转】采用二维方式进行变换的方式不同，【旋转离开】采用镜头画面二从镜头画面一中心处以"翻出"的方式切换至镜头二，给人一种画面通过三维空间变化而来的效果，如图 5-24 所示。

图 5-21　视频转场反转效果

图 5-22　设置转场抗锯齿品质

图 5-23　【旋转】视频转场

在【立方体旋转】转场中，镜头画面一与镜头画面二都只是某个立方体的一个面，而整个转场所展现的便是在立方体旋转过程中，画面从一个面（镜头画面一）切换至另一个面（镜头画面二）的效果，如图 5-25 所示。

【筋斗过渡】和【翻转】都是通过镜头画面一不断翻腾来显现镜头画面二的转场效果，不过它们在表现形式上却有一些不同。其中，【筋斗过渡】采用镜头一画面在翻腾时逐渐缩小、直至消失的方式来显示镜头画面二，感觉上镜头画面一和镜头画面二原本是

"叠放"在一起似的，如图5-26所示。

图5-24 旋转离开转场效果

图5-25 立方体旋转效果

相比之下，【翻转】视频转场中的镜头画面一和镜头画面二更像是一个平面物体的两个面，而该物体在翻腾结束后，朝向屏幕的画面由原本的镜头画面一改为了镜头画面二，如图5-27所示。

图5-26 筋斗过渡转场效果

图5-27 翻转视频转场效果

选择【翻转】视频转场后，单击【特效控制台】面板中的【自定义】按钮，还可在弹出的对话框内设置镜头画面翻转时的条带数量，以及翻转过程中的背景颜色，如图5-28所示。

例如，将条带数量设置为2，翻转背景色设置为浅黄色，其效果如图5-29所示。

图5-28 自定义翻转视频转场参数

5.3.2 其他三维运动

在【三维运动】视频切换特效组中，除了三维旋转运动动画外，还有折叠各种等三维运动转场动画。

应用【向上折叠】视频转场，第一个镜头中的画面将会像"折纸"一样被折叠起来，从而显示出第二个镜头中的内容，如图 5-30 所示。

图 5-29　自定义翻转视频转场效果

图 5-30　向上折叠转场效果

【帘式】视频转场效果是，前一个镜头将会在画面中心处被分割为两部分，并采用向两侧拉开窗帘的方式显示下一个镜头中的画面，如图 5-31 所示。帘式转场多用于娱乐节目或 MTV 中，可以起到让影片更生动并具有立体感的效果。

【摆入】与【摆出】都是采用以镜头画面二覆盖镜头画面一进行切换的视频转场，两者的效果类似。其中，【摆入】转场采用的是镜头画面二的移动端由小到大进行变换，从而给人一种画面从"屏幕"下方摆入的效果，如图 5-32 所示。

图 5-31　帘式转场效果

与【摆入】转场效果不同的是，【摆出】转场采用的是镜头画面二的移动端由大到小进行变换，从而给人一种画面从"屏幕"上方进入的效果，如图 5-33 所示。

在【门】视频转场效果中，镜头画面二会被一分为二，然后像两扇"门"一样被"合拢"。当镜头画面二的两部分完全合拢在一起时，镜头画面一就会从屏幕上完全消失，整个视频转场过程也就随之结束，如图 5-34 所示。

图 5-32　摆入视频转场效果

图 5-33　摆出视频转场效果

图 5-34　门转场效果

5.4　拆分转场

在【视频切换】特效组中，有一些特效组是通过拆分上一个素材画面来显示下一个素材画面的，如【划像】、【卷页】、【擦除】和【滑动】等特效组。

5.4.1　光圈

光圈类视频转场的特征是直接进行两镜头画面的交替切换，其方式通常是在前一镜头画面以划像方式退出的同时，后一镜头中的画面逐渐显现。

1. 划像交叉

在【划像交叉】视频转场中，镜头画面二会以十字状的形态出现在镜头画面一中。随着"十字"的逐渐变大，镜头画面二会完全覆盖镜头画面一，完成划像转场效果，如图 5-35 所示。

2. 划像形状

【划像形状】与【划像交叉】转场的效果较为类似，都是在镜头画面一中出现某一形状的"透明部分"后，

图 5-35　划像交叉转场效果

将镜头画面二展现在大家面前。例如，默认设置的【划像形状】转场便是通过 3 个逐渐放大的菱形图案来将镜头画面二带至观众面前，如图 5-36 所示。

在时间轴上选择【划像形状】视频转场后，除了能够在【特效控制台】面板内进行【边宽】、【边色】等常规设置外，还可在单击【自定义】按钮后，在弹出的对话框内设置"透明部分"的形状与数量，如图 5-37 所示。

3. 圆划像、星形划像、点划像、盒形划像和菱形划像

事实上，无论是哪种样式的划像转场，其表现形式除了划像形状的不同外，本质上并没有什么差别。在划像类转场中，最为典型的便是圆划像、星形划像这种以圆、星形等平面图形为蓝本，通过逐渐放大或缩小由平面图形所组成"透明部分"来达到镜头切换的转场效果。

图 5-36 默认效果的【划像形状】转场

5.4.2 滑动

滑动类视频转场主要通过画面的平移变化来实现镜头画面间的切换，其中共包括 12 种转场样式，如互换、多旋转、滑动等。接下来，本节主要介绍滑动类视频转场的常用类型。

1. 中心合并与中心拆分

【中心合并】转场是在将镜头一画面均分为 4 部分后，让这 4 部分镜头一画面同时向屏幕中心"挤压"，并在最终渐变为一个点后，在屏幕上消失，如图 5-38 所示。

【中心拆分】视频转场的画面切换方式与【中心合并】视频转场有着几分相似之处。例如，都是在将画面分割为相同大小、尺寸的 4 部分后，通过移动分割后 4 部分画面的位置来完成画面切换。所不同的是，【中心拆分】转场中的镜头画面一通过向 4 角移动来完成画面切换，如图 5-39 所示。

图 5-37 自定义划像形状

2. 互换

【互换】视频转场采用了一种类似于"切牌"式的画面转换方式，即在前半段转场中，镜头画面一和镜头画面二分别向屏幕的左右两侧水平移动。当进行到后半段转场时，两个镜头的画面又都同时向反方向移动，同时原本覆盖在镜头画面一下方的镜头画面二，也覆盖在了镜头画面一上，如图 5-40 所示。

图 5-38 中心合并视频转场

3. 多旋转与漩涡

【多旋转】视频转场是在将镜头画面二分割为多个尺寸相同的区域后，所以区域同

时以旋转的方式进行从小到大的动作，直至铺满整个屏幕，如图 5-41 所示。

图 5-39　中心拆分视频转场

图 5-40　互换视频转场效果

提　示

选择【多旋转】视频转场后，在【特效控制台】面板内单击【自定义】按钮，然后即可在弹出的对话框内设置镜头画面二被分割的数量。

　　【漩涡】视频转场同样是在将镜头画面二分割为多个部分后，采用由小到大并以旋转的方式覆盖在镜头画面一上方。所不同的是，【漩涡】视频转场中的镜头二画面自身还会进行旋转，因此画面切换效果较【多旋转】视频转场要复杂一些，如图 5-42 所示。

图 5-41　多旋转视频转场效果

技　巧

在选择【漩涡】视频转场后，单击【特效控制台】面板中的【自定义】按钮，即可在弹出的对话框内设置分割后的镜头画面二数量及其旋转速率。

4. 带状滑动与斜线滑动

　　【带状滑动】转场是在将镜头画面二分割为多个条带状切片后，将这些切片分为两队，然后同时从屏幕的两侧滑入，并覆盖镜头画面一，如图 5-43 所示。

图 5-42　漩涡视频转场效果

提　示

在【时间轴】面板内选择【带状滑动】视频转场后，单击【特效控制台】面板中的【自定义】按钮，可在弹出的对话框内设置条带数量。

　　与【带状滑动】视频转场不同，【斜线滑动】视频转场是将镜头画面二分割为斜倾的线条切片。然后，按照设置从屏幕的一角滑入，直至全部覆盖镜头画面一为止，如图

5-44 所示。

图 5-43 带状滑动视频转场效果　　　图 5-44 斜线滑动视频转场效果

5. 其他滑动转场特效

在【滑动】特效组中，除了上述介绍的各种滑动转场特效外，还可以通过【拆分】、【推】、【滑动】、【滑动带】与【滑动框】等各种样式的滑动特效，实现更加丰富的滑动转场特效效果，如图 5-45 所示。

拆分视频转场效果

推视频转场效果

滑动视频转场效果

滑动带转场效果

滑动框转场效果

图 5-45 各种滑动转场特效

5.4.3 擦除

擦除类视频转场是在画面的不同位置，以多种不同形式的方式来抹除镜头画面一，然后显现出第二个镜头中的画面。目前，擦除类转场共包括以下几种类型的视频转场方式。

1. 双侧平推门与擦除

在【双侧平推】视频转场中，镜头画面二会以极小的宽度，但全度与屏幕相同的尺寸显现在屏幕中央。接下来，镜头画面二会向左右两边同时伸展，直至全部覆盖镜头画面一，铺满整个屏幕为止，如图 5-46 所示。

图 5-46 双侧平推门转场效果

相比之下，【擦除】转场的效果则较为简单。应用后，镜头画面二会从屏幕一侧显现出来，同时显示有镜头画面二的区域会快速推向屏幕另一侧，直到镜头画面二占据全部屏幕为止，如图 5-47 所示。

2. 带状擦除

【带状擦除】特效是一种采用矩形

图 5-47 擦除

条带左右交叉的形式来擦除镜头画面一，从而显示镜头画面二的视频转场，如图 5-48 所示。

在【时间轴】面板内选择【带状擦除】转场后，单击【特效控制台】面板中的【自定义】按钮，即可在弹出对话框内修改条带的数量，如图 5-49 所示。

图 5-48　带状擦除转场效果

图 5-49　修改转场设置

3. 径向划变、时钟划变和锲形划变

【径向划变】转场是以屏幕的某一角作为圆心，以顺时针方向擦除镜头画面一，从而显露出后面的镜头画面二，如图 5-50 所示。

相比之下，【时钟式划变】转场则是以屏幕中心为圆心，采用时钟转动的方式擦除镜头画面一，如图 5-51 所示。

图 5-50　径向划变转场效果

图 5-51　时钟式划变转场效果

【锲形划变】转场同样是将屏幕中心作为圆心，不过在擦除镜头画面一时采用的是扇状图形，如图 5-52 所示。

4. 插入

【插入】转场通过一个逐渐放大的矩形框，将镜头画面一从屏幕的某一角处开始

擦除，直至完全显露出镜头画面二为止，如图 5-53
所示。

5. 棋盘和棋盘划变

在【棋盘】视频转场中，屏幕画面会被分割为大小
相等的方格。随着【棋盘】转场的播放，屏幕中的方格
会以棋盘格的方式将镜头画面一替换为镜头画面二，如
图 5-54 所示。

图 5-52　锲形划变转场效果

图 5-53　插入转场效果

在选择【棋盘】视频转场后，单击【特效控制台】面板中的【自定义】按钮后，还
可在弹出对话框内设置"棋盘"中的纵横方格数量，如图 5-55 所示。

图 5-54　棋盘转场效果

图 5-55　自定义"棋盘"

【棋盘划变】视频转场是将镜头二中的画面分成
若干方块后，从指定方向同时进行划像操作，从而
覆盖镜头画面一，如图 5-56 所示。

提　示

> 同样的方法，在选择【棋盘划变】视频转场后，单击【特
> 效控制台】面板中的【自定义】按钮，即可在弹出对话框
> 内设置【棋盘划变】转场中的纵横切片数量。

图 5-56　棋盘划变转场效果

6. 其他擦除转场特效

【擦除】特效组中的其他特效，其使用方法与上
述的特效基本相同。只是过渡样式有所不同，如【水波块】、【螺旋框】、【油漆飞溅】、【百

叶窗】、【风车】、【渐变擦除】、【随机块】、【随机擦除】等转场特效，如图 5-57 所示。

水波块转场效果

螺旋框转场效果

油漆飞溅转场效果

百叶窗转场效果

风车转场效果

渐变擦除转场效果

随机块转场效果

Premiere Pro CS6 中文版标准教程

随机擦除转场效果

图 5-57　各种擦除样式特效

5.4.4　卷页

从切换方式来看，卷页类视频转场与部分 GPU 过渡类视频转场相类似。两者的不同之处在于，GPU 过渡的立体效果更为明显、逼真，而卷页类视频转场则仅关注镜头切换时的视觉表现方式。

1. 中心剥落、剥开背面与页面剥落

【中心剥落】与【剥开背面】转场在实现画面切换时，都会首先将画面均匀地划分为 4 个部分。然后，通过揭开这 4 部分镜头画面一的方式，来展现镜头画面二。不过，【中心剥落】视频转场是通过同时从中心向 4 角揭开镜头画面一的方式来完成这一任务，如图 5-58 所示。相比之下，【剥开背面】转场则是通过逐一揭开镜头画面一的方式来完成上述任务。

至于【页面剥落】视频转场，则是采用揭开"整张"画面的方式来让镜头画面一退出屏幕，同时让镜头画面二呈现在大家面前，如图 5-59 所示。

2. 卷走与翻页

在【卷走】转场中，镜头画面一会像一张画纸一样从屏幕侧面被"卷起"，直到全部展现出镜头画面二为止，如图 5-60 所示。

相比之下，【翻页】转场则是从屏幕一角被"揭"开后，拖向屏幕的另一角，如图 5-61 所示。

图 5-58　中心剥落视频转场效果

图 5-59　页面剥落转场效果

图 5-60　卷走转场效果

【卷走】转场效果与 GPU 过渡类转场中的【页面滚动】转场效果相类似，而【翻页】转场则与同类转场中的【页面剥落】转场有几分相似之处。这两者与其相似转场的共同之处在于，【卷走】转场与【翻页】转场在视觉上都没有立体感，是一种纯粹的二维转场效果。

图 5-61　翻页转场效果

5.5　变形转场

在【视频切换】特效组中，有一些转场过渡动画是通过改变前一个素材画面形状，使该素材消失，从而显示出下一个素材画面，如【伸展】特效组和【缩放】特效组等。

5.5.1　伸展

伸展类视频转场主要通过素材的伸缩来达到画面切换的目的，通过该类型转场可制作出挤压、飞入等多种镜头切换效果。

1．交叉伸展

在【交叉伸展】转场中，镜头画面一的宽度会逐渐收缩，而镜头画面二的宽度则会相应增加。这样一来，当镜头画面二的宽度与屏幕宽度相同时，【交叉伸展】转场便完成了整个画面的切换任务，如图 5-62 所示。

图 5-62　交叉伸展视频转场效果

提 示

交叉伸展视频转场的播放效果与立方体旋转视频转场的效果极其类似。两者的差别在于，无论镜头画面一和镜头画面二的宽度做出怎样的变化，整个镜头画面都仍然位于屏幕范围内；在立方体旋转视频转场中，镜头的画面会随着转场播放进度的不同，逐渐进入（镜头画面二）或逐渐退出（镜头画面一）屏幕范围。

2．伸展

在【伸展】转场中，镜头画面一的尺寸、位置始终不会发生变化。不过，随着镜头画面二从屏幕的一侧切入，而且其宽度的不断变化，最终整个屏幕范围都将会被镜头画面二所占据，如图 5-63 所示。

图 5-63　伸展视频转场效果

3．伸展覆盖

在【伸展覆盖】视频转场中，镜头画面二仿佛是在被拉扯后，以极度变形的姿态出现。随着转场的播放，镜头画面二的比例慢慢恢复正常，并最终完全覆盖在镜头画面一之上，如图 5-64 所示。

4．伸展进入

【伸展进入】视频转场的效果是在镜头画面二被无限放大的情况下，以渐显的方式出现，并在极短时间内恢复画面的正常比例与透明度，从而覆盖在镜头画面一上方，如图 5-65 所示。

图 5-64　伸展覆盖转场效果

> **技　巧**
>
> 如果想要调整【伸展进入】视频转场的切换效果，可在时间轴内选择该转场后，首先单击【特效控制台】面板中的【自定义】按钮。然后，在弹出的【伸展进入设置】对话框中，设置镜头画面二的分割份数。

5.5.2　缩放

缩放类视频转场通过快速切换缩小与放大的镜头画面来完成视频转场任务，默认情况下 Premiere Pro CS6 为用户提供了 4 种不同的缩放类视频转场效果。

图 5-65　伸展进入转场效果

1．交叉缩放与缩放

【交叉缩放】视频转场的效果是在将镜头一画面放大后，使用同样经过放大的镜头画面二代替镜头画面一。然后，再将镜头画面二恢复至正常比例，如图 5-66 所示。

相比之下，【缩放】视频转场则是通过直接从屏幕中央放大镜头画面二的方式，来完成镜头之间的过渡转换，如图 5-67 所示。

图 5-66 交叉缩放转场效果

图 5-67 缩放转场效果

2．缩放拖尾

在应用【缩放拖尾】视频转场后，镜头画面一会在逐渐缩小的过程中，留下缩小之前的部分画面，即"拖尾"画面。随着"拖尾"画面的逐渐缩小，镜头画面一将完全从屏幕上消失，取而代之的便是镜头画面二，如图 5-68 所示。

提　示

选择【缩放拖尾】转场后，单击【特效控制台】面板中的【自定义】按钮，可以在弹出的对话框内设置"拖尾"的数量。

图 5-68 缩放拖尾转场效果

3．缩放框

【缩放框】视频转场是在将镜头画面二分割为多个部分后，在屏幕上同时放大这些分割后的镜头画面二，直到画面铺满屏幕为止，如图 5-69 所示。

技　巧

在选择【缩放框】视频转场后，单击【特效控制台】面板中的【自定义】按钮，还可在弹出的对话框内设置镜头画面二被分割的数量。

图 5-69 缩放框视频转场效果

5.6　变色转场

并不是所有的转场特效都是通过拆分画面或者挤压画面实现的。在【视频切换】特效组中，【映射】、【叠化】和【特殊效果】特效组就是专门通过色彩变化来实现视频转场效果的。

5.6.1 映射

映射类视频转场主要通过更改某一镜头画面的色彩，以达到在两个镜头之间插入其他内容的目的，并实现转场过渡效果。本节将对 Premiere Pro CS6 中的两个映射类转场效果进行介绍。

1．明亮度映射

【明亮度映射】视频转场通过计算镜头画面一与镜头画面二的明亮度后，根据计算结果将它们叠加在一起作为切换时的过渡画面，如图 5-70 所示。

图 5-70　明亮度映射转场效果

2．通道映射

【通道映射】视频转场通过更改镜头画面一与镜头画面二色彩间的对应关系来生成新的画面内容，并将其做为镜头一与镜头二切换时的过渡画面来播放。在为素材应用该视频转场时，Premiere Pro CS6 将首先弹出【通道映射设置】对话框，要求用户设置不同画面间的色彩通道对应关系，如图 5-71所示。

图 5-71　设置通道映射转场参数

参数设置完成后，即可通过【节目】面板预览转场应用效果。在按照之前所设参数调整【通道映射】视频转场后，其效果如图 5-72 所示。

图 5-72　通道映射转场效果

5.6.2 叠化

叠化类视频转场主要以淡入淡出的方式完成不同镜头间的转场过渡，使前一个镜头中的画面以柔和的方式过渡到后一个镜头的画面中。

1. 交叉叠化（标准）

【交叉叠化】是最基础，也最简单的叠化转场。在【交叉叠化】视频转场中，随着镜头画面一透明度的提高（淡出，即逐渐消隐），镜头画面二的透明度越来越低（淡入，即逐渐显现），直至在屏幕上完全取代镜头画面一，如图 5-73 所示。

图 5-73　交叉叠化（标准）转场效果

> **提　示**
>
> 当镜头画面中的质量不佳时，使用叠化转场效果能够减弱因此而产生的负面影响。此外，由于交叉叠化转场的过渡效果柔和、自然，因此成为最为常用的视频转场之一。

2. 抖动溶解

【抖动溶解】属于一种快速转换类的视频转场，播放时镜头画面一内会出现数量众多的点状矩阵。在这些点状矩阵发生一系列变化的同时，屏幕中的镜头画面一会被快速替换为镜头画面二，从而完成转场操作，如图 5-74 所示。

图 5-74　抖动溶解转场效果

提 示

在【特效控制台】面板中，通过调整【抗锯齿品质】选项，可以起到局部调整【抖动溶解】转场效果的目的。

3. 渐隐为白色与渐隐为黑色

所谓白色，便是屏幕呈单一的白色，而黑场则是屏幕呈单一的黑色。渐隐为白色，则是指镜头画面一在逐渐变为白色后，屏幕内容再从白色逐渐变为镜头画面二，如图 5-75 所示。相比之下，渐隐为黑色则是指镜头画面一在逐渐变为黑色后，屏幕内容再由黑色转变为镜头画面二。

图 5-75　渐隐为白色转场效果

注 意

与白场过渡相比，黑场过渡给人的感觉更为柔和。因此影视节目的片头和片尾处常常使用黑场过渡，以免让观众产生突兀的感觉。

4. 附加叠化与非附加叠化

【附加叠化】是在镜头画面一和镜头画面二淡入淡出的同时，附加一种屏幕内容逐渐过曝并消隐的效果，如图 5-76 所示。

图 5-76　附加叠化转场效果

与【附加叠化】不同，【非附加叠化】转场的效果是镜头画面二在屏幕上直接替代镜头画面一。在画面交替的过程中，交替的部分呈不规则形状，画面内容交替的顺序则由画面的颜色所决定，如图 5-77 所示。

图 5-77　非附加叠化转场效果

5. 随机反相

【随机反相】视频转场的效果是在镜头画面一上随机出现一些内容与镜头一画面相

同，但颜色相反的块状画面。随着此类块状画面逐渐布满屏幕，内容为正常镜头画面二的第二波块状画面开始逐渐显现在屏幕上，直到整个镜头二画面完全展现开为止，如图5-78 所示。

图 5-78　随机反相转场效果

在选择【随机反相】转场后，单击【特效控制台】面板中的【自定义】按钮，还可在弹出的对话框内设置屏幕表面随机块的数量。此外，通过选择【反相源】和【反相目标】单选按钮，还可设置镜头在切换过程中是利用镜头画面一生成反相图像还是利用镜头画面二生成反相图像，如图 5-79 所示。

5.6.3　特殊效果

在特殊效果转场分类中，各种视频转场的视觉效果、实现原理和作用都不相同，直接导致了转场应用效果与应用场景的不同。接下来，我们便将讲解特殊效果转场分类中的各种视频转场。

图 5-79　自定义随机反相视频转场设置

1. 映射红蓝通道

【映射红蓝通道】视频转场是在利用镜头画面一、镜头画面二的通道信息生成一段全新的画面内容后，将其应用于这两个镜头之间的画面过渡，如图 5-80 所示。

2. 纹理

应用【纹理】视频转场后，Premiere Pro CS6 会将镜头二的素材画面作为纹理映射在镜头画面一上，从而生成一段切换镜头时显示的过渡画面，如图 5-81 所示。

图 5-80 映射红蓝通道转场效果

图 5-81 纹理转场效果

3. 置换

【置换】视频转场是在将镜头画面二作为透明纹理应用于镜头画面一后，生成一段用于切换镜头时显示的过渡内容，从而使两镜头之间的切换不会过于突兀，如图 5-82 所示。

图 5-82 置换视频转场

5.7 课堂练习：花卉集锦

喜欢花朵的人经常会用 DV 将身边看到的美丽花朵拍摄下来，而要想同时查看拍摄的花朵视频，可以将拍摄的花朵视频合成为一个视频。在合成过程中，为了使不同视频衔接自然，需使用不同的转换特效，丰富视频的播放效果，如图 5-83 所示。

图 5-83 视频转场效果

具体操作步骤如下。

1 在 Premiere Pro CS6 中创建 "花卉集锦" 视频文档后，双击【项目】面板中的空白位置，导入准备好的花朵视频文件，如图 5-84 所示。

图 5-84 导入视频文件

2 在【项目】面板中，通过滑动鼠标查看视频后，在该面板中为每个视频依次设置出入点。然后依次插入【时间轴】面板中的"视频 1"轨道中，如图 5-85 所示。

图 5-85 插入视频

3 在【时间轴】面板中，由左至右依次单击视频，设置【特效控制台】面板中【运动】选项的【缩放】子选项为 55%，使视频恰好显示在【节目】监视器中，如图 5-86 所示。

图 5-86 设置缩放选项

提 示

不同品牌的 DV 拍摄出来的视频尺寸各不相同，而【预设序列】对话框中只包括 4 中画面尺寸。所以在插入视频后，需要设置视频尺寸使其尽可能地显示在【节目】监视器中。

4 在【效果】面板中，选择【视频切换】|【三维运动】|【旋转离开】选项，将其拖至【时间轴】面板的第一个与第二个视频之间，添加该转场特效，如图 5-87 所示。

5 继续在【效果】面板中，选择【视频切换】|【卷页】|【中心剥落】选项，将其拖至【时间轴】面板的第二个与第三个视频之间，添

加该转场特效，如图 5-88 所示。

图 5-87　添加【旋转离开】转场

图 5-88　添加【中心剥落】转场

6　按照上述方法，在【效果】面板中，选择【视频切换】|【缩放】|【缩放拖尾】选项，将其拖至【时间轴】面板的第三个与第四个视频之间，添加该转场特效，如图 5-89 所示。

图 5-89　添加【缩放拖尾】转场

7　在【效果】面板中，选择【视频切换】|【特殊效果】|【纹理】选项，将其拖至【时间轴】面板的第四个与第五个视频之间，添加该转场特效，如图 5-90 所示。

图 5-90　添加【纹理】转场

8　完成转场添加后，单击【节目】监视器面板中的【播放_停止切换】按钮 ▶，查看视频转场效果，如图 5-91 所示。确认无误后，按 Ctrl+S 快捷键保存文件。

图 5-91　播放视频

5.8　课堂练习：制作风光宣传片

本实例制作的是风光宣传片视频，其由不同风景区的视频组合。搭配优美的音乐，形成具有欣赏性的视频效果，如图 5-92 所示。为了使不同视频画面衔接自然，应使用转场特效。

图 5-92 风光宣传片

具体操作步骤如下。

1 在 Premiere Pro CS6 中新建项目"风光宣传片",双击【项目】面板中的空白位置,导入准备好的视频文件与音频文件,如图5-93 所示。

图 5-93 导入文件

2 在【项目】面板中滑动鼠标,依次查看视频,并且根据需要进行视频的出入点设置。这里只是为视频"残长城 02.avi"设置了入点,如图 5-94 所示。

图 5-94 设置入点

3 依次将视频"北海白塔.avi"、"残长城01.avi"、"残长城 02.avi"与"天坛.avi"插入【时间轴】面板的"视频 1"轨道中,如图 5-95 所示。

图 5-95 插入视频

4 依次右击视频片段,执行【解除视音频链接】命令。然后逐一单击音频素材,按 Delete键删除音频素材,如图 5-96 所示。

5 在【时间轴】面板中,由左至右依次单击视频,设置【特效控制台】面板中【运动】选项的【缩放】子选项为 55%,使视频恰好显示在【节目】监视器中,如图 5-97 所示。

6 在【效果】面板中,选择【视频切换】|【擦除】|【随机块】选项,将其拖至【时间轴】面板的第一个与第二个视频之间,添加该转场特效,如图 5-98 所示。

7 在【效果】面板中,选择【视频切换】|【滑动】|【斜线滑动】选项,将其拖至【时间轴】面板的第二个与第三个视频之间,添加

该转场特效，如图 5-99 所示。

图 5-96　删除音频

图 5-97　设置缩放选项

图 5-98　添加【随机块】转场

8　继续在【效果】面板中，选择【视频切换】
　　|【叠化】|【附加叠化】选项，将其拖至【时
　　间轴】面板的第三个与第四个视频之间，添

加该转场特效，如图 5-100 所示。

图 5-99　添加【斜线滑动】转场

图 5-100　添加【附加叠化】转场

9　选中【项目】面板中的音频文件，拖动至【时
　　间轴】面板中的"音频 1"轨道中。将【当
　　前时间指示器】拖至视频尾部，如图 5-101
　　所示。

图 5-101　插入音频

10　选择工具箱中的【剃刀工具】 ，在【当
　　前时间指示器】位置单击音频素材，将其切
　　割为两段音频。然后将右侧音频删除，如图
　　5-102 所示。

11　单击【节目】监视器面板中的【播放_停止
　　切换】按钮 ，查看视频转场效果。确
　　认无误后，按 Ctrl+S 快捷键保存文件。

图 5-102 切割并删除音频

5.9 思考与练习

一、填空题

1．为了避免镜头与镜头之间的连接出现断断续续的现象，便需要在连接镜头时使用_____。

2．Premiere Pro CS6 中的视频转场被分类后放置在【效果】面板的【_____】文件夹中。

3．只需将视频转场拖曳至时间轴上的_____，即可完成添加视频转场的操作。

4．在【时间轴】面板内选择视频转场后，直接按_____键即可将其清除。

5．更改视频转场默认参数的操作是在【_____】面板中进行。

二、选择题

1．在下列选项中，无法完成清除视频转场操作的是_____。

    A．选择视频转场后，按 Delete 键进行清除

    B．在时间轴上右击视频转场后，执行【清除】命令

    C．调整素材位置，使其间出现空隙后，视频转场自然会被清除

    D．直接将视频转场从时间轴上拖曳下来即可

2．在三维运动类视频转场中，采用画面不断翻腾来切换镜头的是_____。

    A．筋斗过渡与翻转

    B．摆入与摆出

    C．帘式

    D．旋转与旋转离开

3．下列选项不属于擦除类视频转场的是_____。

    A．双侧平推门 B．带状擦除

    C．中心合并   D．径向划变

4．滑动类视频转场主要通过画面的_____变化来实现镜头画面间的切换。

    A．平移   B．立体

    C．色彩   D．翻转

5．在下列选项中，不属于视频转场常规参数的是_____。

    A．边宽   B．不透明度

    C．抗锯齿   D．边色

三、问答题

1．转场在影片剪辑中起到的作用是什么？

2．在 Premiere Pro CS6 中，如何为视频添加转场效果？

3．要想为视频添加三维效果的转场特效可以添加什么特效组中的特效？

4．如何改变转场特效中的参数？

5．叠化类视频转场的作用是什么？

四、上机练习

1．在时间轴上调整视频转场的长度

视频转场在连接镜头时，除了转场本身的画

面切换样式会影响镜头连接效果外，视频转场的持续时间也会对连接效果产生一定影响。如果需要调整视频转场的持续时间，除了可以在【特效控制台】面板内进行调整外，还可在【时间轴】面板内通过直接拖曳视频转场两侧端点的方式进行调整，如图 5-103 所示。

图 5-103　调整视频转场的持续时间

2. 制作三维效果的转场效果

具有三维效果的转场特效，可以通过【效果】面板中【三维运动】特效组中的特效添加来实现。只要将两个素材放置在轨迹中，然后选择某个【三维运动】特效组中的特效添加至两个素材之间即可，如图 5-104 所示。

图 5-104　【帘式】三维运动特效

第6章

视频特效应用

在编辑视频时，不仅能够在视频与视频之间添加各种样式的转场特效，还可以为单个视频本身添加各种特效，使枯燥无味的画面变得生动有趣，并且弥补拍摄过程中造成的画面缺陷等问题。

在 Premiere Pro CS6 中，系统提供了多种类型的视频特效供用户使用，其功能分为增强视觉效果、校正视频缺陷和辅助视频合成 3 大类。并且增加了独立的调整图层，可以在不破坏原视频的情况下添加视频特效，并且其效果可以显示在该调整图层下方的所有视频片段中。

本章学习要点：

➤ 调整图层
➤ 关键帧
➤ 运动特效
➤ 变形类视频特效
➤ 增强画面视频效果特效
➤ 光照类视频特效
➤ 过渡类视频特效
➤ 时间类视频特效

6.1 应用视频特效

在直接对电影胶片进行编辑剪辑的年代里，为影片添加视频特效是一件极其复杂且成本昂贵的事情，因为不仅需要应用售价高昂的特效制作专用设备，还需要经验丰富的操作人员。当影视节目的制作迈入数字时代后，即使是刚刚学习非线性视频编辑的初学者，也能够在 Premiere 的帮助下快速完成多种视频特效的应用。

6.1.1 添加视频特效

Premiere 的强大视频特效功能，使得用户可以在原有素材的基础上创建出各种各样的艺术效果。而且，应用视频特效的方法也极其简单，用户可以为任意轨道中的视频素材添加一个或者多个效果。

1. 视频特效的添加

Premiere Pro CS6 为用户提供了 130 多种视频特效，所有特效按照类别被放置在【效果】面板【视频特效】文件夹下的 19 个子文件夹中，如图 6-1 所示。这样一来，可以方便用户查找指定的视频特效。

为素材添加视频特效的方法主要有两种：一种是利用【时间轴】面板添加，另一种则是利用【特效控制台】面板添加。

❑ 利用【时间轴】面板添加视频特效

在通过【时间轴】面板为视频素材添加视频特效时，只需在【视频特效】文件夹内选择所要添加的视频特效后，将其拖曳至视频轨道中的相应素材上即可，如图 6-2 所示。

> **提 示**
>
> 所有已添加视频特效的素材上都会出现一条紫色线条，以便用户区分素材是否添加视频特效。

图 6-1 视频特效

❑ 利用【特效控制台】面板添加视频特效

使用【特效控制台】面板为素材添加视频特效，是最为直观的一种添加方式。因为即使用户为同一段素材添加了多种视频特效，也可在【特效控制台】面板内一目了然地查看这些视频特效。

若要利用【特效控制台】面板添加视频特效，只需在选择素材后，从【效果】面板中选择所要添加的视频特效，并将其拖至【特效控制台】面板中即可，如图 6-3 所示。

若要为同一段视频素材添加多个视频特

图 6-2 通过【时间轴】面板添加特效

效，只需依次将要添加的视频特效拖动到【特效控制台】面板中即可，如图6-4所示。

2．删除视频特效

当不再需要影片剪辑应用视频特效时，可利用【特效控制台】将其删除。操作时，只需在【特效控制台】面板中右击视频特效后，执行【清除】命令即可，如图6-5所示。

3．复制视频特效

当多个影片剪辑使用相同的视频特效时，复制、粘贴视频特效可以减少操作步骤，加快影片编辑的速度。操作时，只须选择源视频特效所在影片剪辑，并在【特效控制台】面板内右击视频特效后，执行【复制】命令。然后，选择新的素材，并右击【特效控制台】面板空白区域，执行【粘贴】命令即可，如图6-6所示。

● 6.1.2 编辑视频特效

当用户为影片剪辑应用视频特效后，还可对其属性参数进行设置，从而使特效的表现效果更为突出，为用户打造精彩影片提供了更为广阔的创作空间。

选择影片剪辑后，在【特效控制台】面板内单击视频特效前的"三角"按钮，即可显示该特效所具有的全部参数，如图6-7所示。

图 6-3 【特效控制台】面板中的视频特效

图 6-4 应用多个视频特效

图 6-5 清除视频特效

图 6-6 复制/粘帖视频特效

Premiere Pro CS6 中的视频特效根据效果的不同，其属性参数及设置方法也会有所差别。

若要调整某个属性参数的数值，只需单击参数后的数值，并在使其进入编辑状态后，输入具体数值即可，如图 6-8 所示。

提　示

将鼠标置于属性参数值的位置上后，当光标变成 形状时，拖动鼠标也可修改参数值。

图 6-7　查看特效参数

除此之外，展开参数的详细设置面板后，还可以通过拖动其中的指针或者滑块来更改属性的参数值，如图 6-9 所示。

在【特效控制台】面板内完成属性参数的设置之后，视频特效应用于影片剪辑后的效果将即时显示在【节目】面板中，如图 6-10 所示。

在【特效控制台】面板中，单击视频特效前的【切换效果开关】按钮后，还可在影片剪辑中隐藏该视频特效的效果，如图 6-11 所示。

图 6-8　修改参数值

图 6-9　利用滑块调整参数

图 6-10　效果显示

提　示

再次单击【切换效果开关】按钮后，即可重新显示影片剪辑在应用视频特效后的效果。

6.1.3　调整图层

当多个影片剪辑使用相同的视频特效时，除了使用复制与粘贴视频特效外，Premiere Pro CS6 还增

图 6-11　隐藏视频特效

加了调整图层。在调整图层中添加视频特效后，其效果即可显示在该调整图层下方的所有视频片段中。而该调整图层随时能够删除、显示与隐藏，而不破坏视频文件。

要创建调整图层，单击【项目】面板底部的【新建分项】按钮 ，选择【调整图层】选项，弹出【调整图层】对话框，如图 6-12 所示。

图 6-12 【调整图层】对话框

在【调整图层】对话框中，可以设置调整图层的视频【宽】与【高】、【时基】与【像素纵横比】选项，单击【确定】按钮，即可在【项目】面板中创建【调整图层】项目。如图 6-13 所示。

当【时间轴】面板中添加素材片段后，将创建的调整图层插入素材片段上方，使其播放长度与素材相等，如图 6-14 所示。

图 6-13 创建调整图层

这时选中【时间轴】面板中的调整图层，按照视频特效的添加方法为调整图层添加视频特效，即可发现该调整图层下方的所有素材均显示被添加了视频特效，如图 6-15 所示。

图 6-14 插入调整图层

图 6-15 添加视频特效

调整图层中的视频特效的应用与编辑方法，与视频片段中的视频特效相同。当调整图层中添加了多个视频特效后，如果希望其中的视频特效不显示在下方的素材中，除了可以删除视频特效外，还可以通过隐藏调整图层，使其中的视频特效暂时不显示在下方的素材中。只要单击"视频 2"轨道中的【切换轨道输出】图标即可，如图 6-16 所示。

图 6-16 隐藏调整图层中的视频特效

要想彻底删除调整图层中的视频特效，可以直接将【时间轴】面板中的调整图层删除。只要选中调整图层，按 Delete 键即可。而【项目】面板中的调整图层，还是保留原有的属性。

6.2 创建运动特效

所谓运动特效，是指在原有视频画面的基础上，通过后期制作与合成技术对画面进行的移动、变形和缩放等效果。由于拥有强大的运动效果生成功能，用户只需在 Premiere Pro CS6 中进行少量设置，即可使静态的素材画面产生运动效果，或为视频画面添加更为精彩的视觉内容。为此，接下来我们便将对用户介绍在 Premiere Pro CS6 中创建和编辑运动特效的方法。

● 6.2.1 设置关键帧

Premiere Pro CS6 中的关键帧可以帮助用户控制视频或者音频特效内的参数变化，并将特效的渐变过程附加在过渡帧中，从而形成个性化的节目内容。

1. 添加关键帧

若要为影片剪辑创建运动特效，便需要为其添加多个关键帧。在 Premiere Pro CS6 中，在【时间轴】面板或【特效控制台】面板中都可以为素材添加关键帧，下面将对其分别进行介绍。

❑ 在【时间轴】面板内添加关键帧

通过【时间轴】面板，可以针对应用于素材的任意视频特效属性进行添加或删除关键帧的操作，此外还可控制关键帧在【时间轴】面板中的可见性。若要使用该方法添加关键帧，需要选择【时间轴】中的素材片段后，指定需要添加关键帧的视频特效及其属性，如图 6-17 所示。

图 6-17 指定需要添加关键帧的视频特效属性

接下来，将【当前时间指示器】移动至适当位置后，在【时间轴】面板内单击素材所在轨道中的【添加/移除关键帧】按钮，即可在当前位置创建关键帧，如图 6-18 所示。

图 6-18 直接在【时间轴】面板内创建关键帧

注 意

若要在【时间轴】面板内直接创建关键帧，则必须在【特效控制台】面板内开启相应视频特效属性的【切换动画】选项。

此时，在【时间轴】面板内单击某一轨道内的【显示关键帧】下拉按钮，并执行【隐藏关键帧】命令后，即可隐藏该轨道所有素材上的关键帧，如图 6-19 所示。

提 示

在【显示关键帧】下拉列表中，执行【显示透明控制】命令，即可在相应轨道内隐藏所有素材除素材名称外的一切其他文字信息。

图 6-19 在时间轴内隐藏关键帧

❑ **在【特效控制台】面板内添加关键帧**

通过【特效控制台】面板，不仅可以为影片剪辑添加或删除关键，还能够通过对关键帧各项参数的设置，实现素材的自定义运动效果。

在【时间轴】面板内选择素材后，打开【特效控制台】面板，此时只需在某一视频特效栏内单击属性选项前的【切换动画】按钮，即可开启该属性的切换动画设置。与此同时，Premiere Pro CS6 会在【当前时间指示器】所在位置为之前所选的视频特效属性添加关键帧，如图 6-20 所示。

图 6-20 通过【特效控制台】面板添加关键帧

此时，已开启【切换动画】选项的属性栏中，【添加/移除关键帧】按钮将被激活。若要添加新的关键帧，只需移动到【当前时间指示器】的位置后，单击【添加/移除关键帧】按钮即可，如图 6-21 所示。当视频特效的某一属性栏中包含有多个关键帧时，单击【添加/移除关键帧】按钮两侧的【跳转到前一关键帧】或【跳转到下一关键帧】按钮，即可在多个关键帧之间进行快速切换。

注 意

在已开启【切换动画】选项的状态下，单击【切换动画】按钮，则会清除相应属性栏中的所有关键帧。

图 6-21 添加多个关键帧

2．移动关键帧

为素材添加关键帧后，只需在【特效控制台】面板内选择关键帧，并通过鼠标将其拖至合适位置后，即可完成移动关键帧的操作，如图 6-22 所示。

技 巧

利用 Ctrl 和 Shift 键选择多个关键帧后，还可进行同时移动多个关键帧的操作。

图 6-22 移动关键帧

3. 复制与粘贴关键帧

在创建运动特效的过程中，如果多个素材中的关键帧具有相同的参数，则可利用复制和粘贴关键帧的功能来提高操作效率。操作时，首先应右击所要复制的关键帧，并执行【复制】命令，如图 6-23 所示。

接下来，移动【当前时间指示器】至合适位置后，在【特效控制台】面板内右击轨道区域，并执行【粘贴】命令，即可在当前位置创建一个与之前对象完全相同的关键帧，如图 6-24 所示。

4. 删除关键帧

选择某一关键帧后，右击【特效控制台】面板的轨道区域，并在弹出菜单内执行【清除】命令，即可删除所选关键帧。此外，直接按 Delete 或 Backspace 键，也可删除所选关键帧。

图 6-23 复制关键帧

图 6-24 粘贴关键帧

> **提 示**
>
> 右击【特效控制台】面板的轨道区域，执行弹出菜单内的【清除所有关键帧】命令后，Premiere 将会移除当前素材内的所有关键帧，而无论该关键帧是否处于被选中状态。

6.2.2 快速添加运动效果

利用 Premiere Pro CS6 的关键帧功能后，通过更改素材在屏幕画面中的位置，即可快速创建出各种不同的素材运动效果。

在【节目】面板中，双击监视器画面后，即可选择屏幕最顶层的视频素材。此时，所选素材上将会出现一个中心控制点，而素材周围也会出现 8 个控制柄，如图 6-25 所示。

接下来，直接在【节目】面板的监视器画面区域内拖动所选素材，即可调整该素材在屏幕画面中的位置，如图 6-26 所示。

> **技 巧**
>
> 在【节目】面板中，利用素材四周的控制柄可以调整素材图像在屏幕画面中的尺寸大小。

图 6-25 在【节目】面板中选择素材

图 6-26 调整素材画面的位置

不过，如果在移动素材画面之前创建了【位置】关键帧，并对【当前时间指示器】的位置进行了调整，则Premiere Pro CS6 将在监视器画面上创建一条标识素材画面运动轨迹的路径，如图6-27 所示。

图 6-27　设置运动轨迹

默认情况下，新的运动路径全部为直线。在拖动路径端点附近的锚点后，还可以将素材画面的运动轨迹更改为曲线状态，如图6-28 所示。

不断重复上述操作，并在每次调整素材画面的位置后，添加新的【位置】关键帧，即可得到一段所选素材画面在屏幕上不断移动的影片剪辑，如图6-29 所示。

● 6.2.3　更改不透明度

制作影片时，降低素材的不透明度可以使素材画面呈现半透明效果，从而利于各素材之间的混合处理。在 Premiere Pro CS6 中，选择需要调整的素材后，在【特效控制台】面板内单击【透明度】折叠按钮，即可打开用于所选素材的【透明度】滑杆，如图6-30 所示。

图 6-28　更改运动路径

图 6-29　移动效果

在开启【透明度】属性的【切换动画】选项后，为素材添加多个【透明度】关键帧，并为各个关键帧设置不同的透明度参数值，即可完成一段简单的透明过渡动画效果，如图6-31 所示。

图 6-30　用于调整素材透明度的选项

● 6.2.4　缩放与旋转特效

除了通过调整素材位置实现的运动特效外，对素材进行旋转和缩放也是较为常见的两种运动效果。通过调整【特效控制台】面板中的特定选项，用户可轻松制作出旋转和缩放动画效果。

1. 缩放特效

缩放运动特效通过调整素材在不同关键上的大小来实现，制作时需要首先在【运动】选项组内的【缩放比例】栏中创建关键帧。在单击【缩放比例】栏中的【切换动画】按钮后，即可开启该属性的动画选项，并在当前时间指示器的位置处创建【缩放比例】关键帧，如图6-32所示。

接下来，依次通过调整当前时间指示器的位置，并调整【缩放比例】选项参数值的方法，即可完成缩放动画的设置工作，如图6-33所示。

图6-31　利用透明度创建过渡动画

图6-32　开启【缩放比例】动画选项

图6-33　设置缩放动画关键帧

动画设置完成后，单击【节目】面板中的【播放/停止切换】按钮▶，即可欣赏刚刚创建的缩放动画，如图6-34所示。

2. 旋转特效

旋转运动特效是指素材图像围绕指定轴线进行转动，并最终使其固定至某一状态的运动效果。在 Premiere Pro CS6 中，用户可通过调整素材旋转角度的方法来制作旋转特效。

若要制作旋转特效，只需在选择相应素材后，在【特效控制台】面板内首先单击【运动】选项组【旋转】属性栏中的【切换动画】按钮，如图6-35所示。

然后，不断在新的位置创建关键帧，并调整素材在这些关键帧上的旋转角度，如图6-36所示。

图6-34　缩放动画效果

设置完成后，即可在【节目】面板内查看旋转动画的播放效果，如图 6-37 所示。

6.3 变形视频特效

在视频拍摄时，视频画面是正常的，或者是倾斜的。这时可以通过【效果】面板中的【视频特效】特效组中的【变换】特效组将视频画面进行校正，或者采用【扭曲】特效组中的特效对视频画面进行变形，从而丰富视频画面效果。

● 图 6-37 自定义旋转动画

6.3.1 变换

【变换】类视频特效可以使视频素材的形状产生二维或者三维的变化。在该类视频特效中，包含有【垂直保持】、【垂直翻转】、【摄像机视图】和【滚动】等 8 种视频特效。

1．垂直保持和垂直翻转

【垂直保持】视频特效能够使影片剪辑呈现出一种在垂直方向上进行滚动的效果，如图 6-38 所示。

● 图 6-38 垂直保持视频特效

提 示

在【垂直保持】视频特效中，素材画面在屏幕上的滚动速度由 Premiere Pro CS6 所决定，而滚动的次数则由素材长度所决定。素材的持续时间越长，素材画面在屏幕上的滚动次数越多。

【垂直翻转】视频特效的作用则是让影片剪辑的画面呈现一种倒置的效果，如图 6-39 所示。

注 意

由于【垂直保持】和【垂直翻转】视频特效都没有属性参数，因此用户无法对其效果进行控制。

2．摄像机视图

【摄像机视图】视频特效的作用是模拟摄像机对屏幕画面进行二次拍摄，其参数面板及应用效果如图 6-40 所示。在【特效控制台】面板中，【摄像机视图】视频特效各个参数的作用如下。

图 6-39　垂直翻转视频特效

- ❑ **经度**　以中心垂线为轴，控制屏幕画面的旋转角度。
- ❑ **纬度**　以中心水平线为轴，控制屏幕画面的旋转角度。
- ❑ **垂直滚动**　在二维层面中，控制屏幕画面的旋转角度。
- ❑ **焦距、距离与缩放**　焦距、距离与缩放分别用于模拟摄像机的镜头焦距、摄像机与屏幕画面间的距离和变焦倍数。综合运用这三项参数后，即可控制原屏幕画面在当前屏幕中的尺寸大小。

图 6-40　摄像机视图视频特效

- ❑ **填充颜色**　当原有的屏幕画面变形后，该选项用于控制屏幕空白区域的颜色。在单击该选项中的色块后，即可在弹出的【颜色拾取】对话框内设置相应的颜色值，如图 6-41 所示。

提　示

在单击【填充颜色】色块右侧的【吸管】按钮后，用户还可直接从当前屏幕画面中吸取颜色作为填充色彩。

图 6-41　设置填充颜色值

此外，在【控制台】面板内直接单击【摄像机视图】视频特效上的【设置】按钮后，用户还可在弹出的【摄像机视图设置】对话框内设置上述属性参数，如图 6-42 所示。

3．水平保持和水平翻转

默认设置的【水平保持】视频转场在应用于影片剪辑后不会使屏幕画面发生任何变化。在调整其唯一的参数后，屏幕画面会在保持画面底部位置不变的前提下，出现不同

图 6-42　【摄像机视图设置】对话框

程度的倾斜，如图 6-43 所示。

【水平翻转】视频特效的效果与【垂直翻转】视频特效的效果相反，其作用是让影片剪辑在水平方向上进行镜像翻转，如图 6-44 所示。

4．羽化边缘

【羽化边缘】视频特效会在屏幕画面的四周形成一圈经过羽化处理后的黑边，如图 6-45 所示。在【羽化边缘】视频特效中，【数量】选项的参数值越大，经过羽化处理的黑边越明显。

图 6-43　水平保持视频特效

5．裁剪

【裁剪】视频特效的作用是对影片剪辑的画面进行切割处理，该视频特效的控制参数如图 6-46 所示。其中，【左侧】、【顶部】、【右侧】和【底部】这 4 个选项分别用于控制屏幕画面在左、上、右、下这 4 个方向上的切割

图 6-44　水平翻转视频特效

比例，而【缩放】选项则用于控制是否将切割后的画面填充整个屏幕。

图 6-45　羽化边缘视频特效

图 6-46　【裁剪】视频特效

6.3.2　扭曲

应用【扭曲】类视频特效后，能够使素材画面产生多种不同的变形效果。在该类型的视频特效中，共包括 11 种不同的变形样式，如偏移、旋转、弯曲、球面化和边角固定等。

1. 偏移

当素材画面的尺寸大于屏幕尺寸时，使用【偏移】视频特效能够产生虚影效果，如图 6-47 所示。

为素材应用【偏移】视频特效后，默认情况下的【与原始图像混合】选项取值为 0，此时的影片剪辑画面不会发生任何变化。在【特效控制台】面板中，调整【与原始图像混合】选项后，虚影效果便会逐渐显现出来，且参数值越大，虚影效果越明显，如图 6-48 所示。此外，用户还可通过更改【将中心转换为】选项参数值的方式来调整虚影图像的位置。

2. 变换

【变换】视频特效能够为用户提供一种类似于照相机拍照时的效果，通过在【特效控制台】面板内调整【定位点】、【缩放高度】、【缩放宽度】等选项，用户对"拍照"时的屏幕画面摆放位置、照相机位置和拍摄参数等多项内容进行设置，如图 6-49 所示。

3. 弯曲

【弯曲】视频特效能够使素材画面产生一种扭曲、变形，仿佛是在照哈哈镜时的效果，如图 6-50 所示。而且，随着影片剪辑的播放，【弯曲】视频特效对画面的影响还会发生变化。

提 示

> 在【特效控制台】面板中，用户可通过调整垂直或水平方向上的弯曲强度、速率和宽度来调整弯曲视频特效的最终结果。

此外，在单击【弯曲】视频特效栏中的【设置】按钮后，还可在弹出对话框内直观的调整弯曲强度、速率和宽度参数，并实时查看【弯曲】视频特效的播放效果，如图 6-51 所示。

图 6-47 偏移视频特效

图 6-48 调整【偏移】视频特效的参数值

图 6-49 变换视频特效

图 6-50 弯曲视频特效

4. 放大

利用【放大】视频特效可以放大显示素材画面中的指定位置，从而模拟人们使用放大镜观察物体的效果，如图 6-52 所示。

在【特效控制台】面板中，用户可对【放大】视频特效的放大形状、位置、透明度、缩放效果、混合模式及羽化程度等多项参数进行设置。如图 6-53 所示，分别为不同混合模式选项的放大效果。

5. 旋转扭曲

为素材应用【旋转扭曲】视频特效，可以使素材画面中的部分区域转绕指定点来旋转图像画面，如图 6-54 所示。

在【特效控制台】面板中的【旋转】选项组中，【角度】选项决定了图像的旋转扭曲程度，参数值越大扭

图 6-51 通过【弯曲设置】对话框调整特效参数

图 6-52 放大视频特效

曲效果越明显；【旋转扭曲半径】选项决定着圆像的扭曲范围，而【旋转扭曲中心】选项则控制着扭曲范围的中心点，如图 6-55 所示。

图 6-53 不同混合模式的放大效果

图 6-54 旋转视频特效

6. 波形弯曲

【波形弯曲】视频特效的作用是根据用户给出的参数在一定范围内制作弯曲的波浪效果，如图 6-56 所示。

在【特效控制台】面板中，通过更改【波形类型】选项可调整波形弯曲的显示效果，而重新设置【波形高度】、【波形宽度】、【方向】和【波形速度】等选项则可调整【波形弯曲】视频特效对画面的扭曲影响程度。

7．球面化

利用【球面化】视频特效，可以使素材画面以球化状态显示，如图 6-57 所示。在【球面化】视频特效的控制选项中，【半径】选项用于调整"球体"的尺寸大小，直接影响着【球面化】视频特效对屏幕画面的作用范围；【球面中心】选项则决定了"球体"在画面中的位置。

8．紊乱置换

【紊乱置换】视频特效能够在素材画面内产生随机的画面扭曲效果，如图 6-58 所示。在【紊乱置换】视频特效提供的控制选项中，除【置换】选项用于控制扭曲方式、【消除锯齿（最佳品质）】选项用于决定扭曲后的画面品质外，其他所有选项都用于控制画面扭曲效果。

9．边角固定

【边角固定】视频特效可以改变素材画面4 个边角的位置，从而使画面产生透视和弯曲效果。在【特效控制台】面板中，【边角固定】视频特效 4 个选项的参数值便是用于指定屏幕画面位置的坐标值，用户只需调整这些参数便可控制屏幕画面产生各种倾斜或透视效果，如图 6-59 所示。

10．镜像

利用【镜像】视频特效可以使素材画面沿分割线进行任意角度的反射操作，如图 6-60所示即为 180°的镜像效果。

图 6-55　调整【旋转】视频特效的参数

图 6-56　波形弯曲视频特效

图 6-57　球面化视频特效

图 6-58　紊乱置换视频特效

图 6-59　边角固定视频特效

技　巧

在【特效控制台】面板中，用户可通过【反射中心】来调整分割线的位置，而调整【反射角度】选项则可更改视频特效的应用效果。

11．镜头扭曲

在视频拍摄过程中，可能会出现某些焦距、光圈大小和对焦距离等不同类型的缺陷。这时可以通过【镜头扭曲】视频特效进行校正，或者直接使用该特效为正常的视频画面进行扭曲效果，如图 6-61 所示。

图 6-60　180°的镜像效果

6.4　画面质量视频特效

使用 DV 拍摄的视频，其画面效果并不是非常理想，视频画面中的模糊、清晰与是否出现杂点等质量问题，可以通过【杂波与颗粒】和【模糊与锐化】等特效组中的特效来设置。

图 6-61　镜头扭曲视频特效

6.4.1　杂波与颗粒

【杂波与颗粒】类视频特效的作用是在影片素材画面内添加细小的杂点，根据视频特效原理的不同，又可分为 6 种不同的效果。

1．中值

【中值】视频特效能够将素材画面内每个像素的颜色值替换为该像素周像素材的 RGB 平均值，因此能够实现消除噪波或产生水彩画的效果，如图 6-62 所示。

【中值】视频特效仅有【半径】这一项参数，其参数值越大，Premiere Pro CS6 在计算颜色值时的参考像素范围越大，视频特效的应用效果越来明显，如图 6-63 所示。

图 6-62　中值视频特效

2．杂波

【杂波】视频特效能够将在素材画面上增加随机的像素杂点，其效果类似于采用较高 ISO 参数拍摄出的数码照片，如图 6-64 所示。在【杂波】视频特效中，各个选项的作用如下。

- ❑ **杂波数量**　控制画面内的噪点数量，该选项所取的参数值越大，噪点的数量越多。
- ❑ **杂波类型**　选择产生噪点的算法类型，启用或禁用该选项右侧的【使用噪波】会影响素材画面内的噪点分布情况。
- ❑ **剪切**　决定是否将原始的素材画面与产生噪点后的画面叠放在一起，禁用【剪切结果值】复选框后将仅显示产生噪点后的画面。但在该画面中，所有影像都会变得模糊一片，如图 6-65 所示。

图 6-63　【中值】参数

3．杂波 Alpha

通过【杂波 Alpha】视频特效，可以在视频素材的 Alpha 通道内生成噪波，从而利用 Alpha 通道内的噪波来影响画面效果，如图 6-66 所示。在【特效控制台】面板中，用户还可对【杂波 Alpha】视频特效的类型、数量、溢出方式，以及噪波动画控制方式等多项参数进行调整。

图 6-64　噪波视频特效

4．杂波 HLS 与自动杂波 HLS

【杂波 HLS】视频特效能够通过调整画面色调、亮度和饱和度的方式来控制噪波效果，其参数面板，如图 6-67 所示。

图 6-65　仅显示噪波画面

注　意

在杂波产生的方式上,【自动杂波 HLS】视频特效与【杂波 HLS】视频特效基本相同。所不同的是,【自动杂波 HLS】视频特效不允许用户调整噪波颗粒的大小,但用户却能通过【杂波动画速度】选项来控制杂波动态效果的变化速度。

5. 蒙尘与刮痕

【蒙尘与刮痕】视频特效用于产生一种附有灰尘的、模糊的噪波效果。在【特效控制台】面板中,参数【半径】用于设置噪波效果影响的半径范围,其值越大,噪波范围的影响越大;参数【阈值】用于设置噪波的开始位置,其值越小,噪波影响越大,图像越模糊,如图 6-68所示。

图 6-66　杂波 Alpha 视频特效

图 6-67　设置【噪波 HLS】视频特效参数

6.4.2　模糊与锐化

【模糊与锐化】类视频特效的作用与其名称完全相同,这些视频特效有些能够使素材画面变得更加朦胧,而有些则能够让画面变得更为清晰。在此类视频特效中,包含了10 种不同的效果,下面将对其中几种比较常用的进行讲解。

1. 方向模糊

【方向模糊】视频特效能够使素材画面向指定方向进行模糊处理,从而使画面产生动态效果,如图6-69 所示。在【特效控制台】面板中,可通过调整【方向】和【模糊长度】选项来控制定向模糊的效果。

图 6-68　【蒙尘和刮痕】视频特效

提　示

在调整【方向模糊】视频特效的参数时,【模糊长度】选项的参数值越大,图像的模糊效果将会越明显。

2. 快速模糊

【快速模糊】视频特效能够对画面中的每个像素进行相同的模糊操作,因此其模糊

效果较为"均匀"。在【特效控制台】
面板中,【模糊量】用于控制画面模
糊程度;【模糊方向】决定了画面模
糊的方式;而【重复边缘像素】选
项则用于调整模糊画面的细节部
分,如图6-70所示。

3．锐化

【锐化】视频特效的作用是增加
相邻像素的对比度,从而达到提高
画面清晰度的目的,如图6-71所示。
在【特效控制台】面板中,【锐化】
视频特效只有【锐化数量】这一个
设置项,其参数取值越大,画面的
锐化效果越明显。

■○■ 图6-69 方向模糊视频特效

> **提示**
>
> 在【特效控制台】面板中,用户可通过
> 【模糊度】和【模糊方向】来设置【高
> 斯模糊】视频特效的方向和程度。

4．高斯模糊

【高斯模糊】视频特效能够利用

■○■ 图6-70 快速模糊视频特效

高斯运算方法生成模糊效果,从而使画面中部分区域的画面表现效果更为细腻,如图6-72
所示。

■○■ 图6-71 锐化视频特效

■○■ 图6-72 高斯模糊视频特效

6.5 光照视频特效

在【视频特效】特效组中,除了【色彩校正】等特效组能够改变视频画面色彩效果外,
还可以通过光照类特效改变画面色彩效果,并且还可以通过某些特效得到日光的效果。

6.5.1　生成

　　【生成】类视频特效包括书
写、棋盘、渐变和油漆桶等 12
种视频效果，其作用都是在素材
画面中形成炫目的光效或者图
案。接下来，便将对【生成】类
视频特效中的部分常用效果进
行讲解。

图 6-73　棋盘视频特效

1．棋盘

　　【棋盘】视频特效的作用是
在屏幕画面上形成棋盘网络状
的图案，如图 6-73 所示。

　　在【特效控制台】面板中，
可以对【棋盘】视频特效所生成
的棋盘图案的起始位置、棋盘格
大小、颜色、图案透明度和混合
模式等多项属性进行设置，从而
创造出个性化的画面效果，如图 6-74 所示。

图 6-74　调整【棋盘】视频特效的参数

2．渐变

　　【渐变】视频特效的功能是在素材画面上创建彩色渐变，并使其与原始素材融合在
一起。在【特效控制台】面板中，
用户可对渐变的起始、结束位置，
以及起始、结束色彩和渐变方式
等多项内容进行调整，如图 6-75
所示。

> **技　巧**
>
> 在【特效控制台】面板中，【与原始
> 图像混合】的参数值越大，与原始素
> 材画面的融合就越紧密，若其值为
> 0%，则仅显示渐变颜色而不显示原始
> 素材画面。

图 6-75　渐变视频特效

3．镜头光晕

　　为影片剪辑应用【镜头光晕】视频特效后，可以在素材画面上模拟出摄像机镜头上
的光环效果。在【特效控制台】面板中，用户可对光晕效果的起始位置、光晕强度和镜

头类型等参数进行设置，如图 6-76
所示。

6.5.2　风格化

【风格化】类型的视频特效共为用户
提供了 13 种不同样式的视频特效，其共
同点都是通过移动和置换图像像素和提
高图像对比度的方式来产生各种各样的
特殊效果。

1．曝光过度

【曝光过度】视频特效能够使素材画
面的正片效果和负片效果混合在一起，
从而产生一种特殊的曝光效果，如图
6-77 所示。在【特效控制台】面板中，
可通过调整【曝光过度】视频特效内的
【阈值】选项来更改【曝光过度】视频特
效的最终效果。

2．查找边缘

【查找边缘】视频特效能够通过强化
过渡像素来形成彩色线条，从而产生
铅笔勾画的特殊画面效果，如图 6-78
所示。

图 6-76　镜头光晕视频特效

图 6-77　曝光过度视频特效

> **提 示**
>
> 在【特效控制台】面板中，【与原始图像混合】
> 选项用于控制查找边缘所产生画面的透明
> 度，当其取值为 100% 时，即完全显示原素材
> 画面。

3．浮雕

为影片剪辑应用【浮雕】视频特效

图 6-78　查找边缘视频特效

后，屏幕画面中的内容将产生一种石材雕刻后的单色浮雕效果，如图 6-79 所示。在【特
效控制台】面板中，还可对浮雕效果的角度、浮雕高度等内容的参数进行设置。

> **提 示**
>
> 在【风格化】类视频特效中，还包含一个【彩色浮雕】视频特效，其作用与【浮雕】视频特效基本
> 相同，差别仅在于应用【彩色浮雕】视频特效后的屏幕画面内包含有一定颜色。

4. 材质

通过应用【材质】视频特效，可以将指定轨道内的纹理映射至当前轨道的素材图像上，从而产生一种类似于浮雕贴图的效果，如图 6-80 所示。

注　意

如果纹理轨道位于目标轨道的上方，则在【特效控制台】面板内将【纹理图层】设置为相应轨道后，还应当隐藏该轨道，使其处于不可见状态。

图 6-79　浮雕视频特效

5. 边缘粗糙

【边缘粗糙】视频特效能够让影片剪辑的画面边缘呈现出一种粗糙化形式，其效果类似于腐蚀而成的纹理或溶解效果，如图 6-81 所示。在【特效控制台】面板中，还可通过【边缘粗糙】选项组中的各个选项，来调整视频特效的影响范围、边缘粗糙情况及复杂程度等内容。

图 6-80　材质视频特效

6. 其他风格化特效

在【风格化】特效组中还包括其他特效，这些特效有些能够将视频画面的色彩设置为不同的色阶，有些能够将视频画面的色彩变成黑白色调，而有些则能够将视频画面调整为色块，如图 6-82 所示。而这些特效不仅能够改变视频画面效果，还能够设置出不同的特效效果。

图 6-81　边缘粗糙

图 6-82　各种风格化特效

6.6 其他视频特效

在【视频特效】特效组中，还包括其他一些特效组，如视频过渡特效组、时间特效及视频特效组。而这些特效与前面介绍过的视频特效，既可以在整个视频中显示，也可以在视频的某个时间段显示。

6.6.1 过渡

【过渡】类视频特效主要用于两个影片剪辑之间的切换，其作用类似于 Premiere Pro CS6 中的视频转场。在【过渡】类视频特效中，包括块溶解、线性擦除等 5 种过渡效果。

1. 块溶解

【块溶解】视频特效能够在屏幕画面内随机产生块状区域，从而在不同视频轨中的视频素材重叠部分间实际画面切换，如图 6-83 所示。

在【块溶解】视频特效的控制面板中，参数【过渡完成】用于设置不同素材画面的切换状态，取值为 100%时将会完全显示底层轨道中的画面。至于【块宽度】和【块高度】选项，则用于控制块形状的尺寸大小，如图 6-84 所示。

> **提 示**
>
> 在【特效控制台】面板中，启用【柔化边缘（最佳品质）】复选框后，能够使块形状的边缘更加柔和。

图 6-83　使用【块溶解】视频特效实现画面切换

图 6-84　【块溶解】视频特效的各种效果

当在两个素材的重叠显示时间段创建【过渡完成】选项的关键帧，并且设置该参数由 0%至 100%，那么就会得到视频转场动画，如图 6-85 所示。

2. 径向擦除

【径向擦除】视频特效能够通过一个指定的中心点，从而以旋转划出的方式切换出第二段素材的画面，如图 6-86 所示。

图 6-85　视频转场动画

图 6-86　【径向擦除】视频特效实现画面切换

在【径向擦除】视频特效的控制选项中,【过渡完成】用于设置素材画面切换的具体程度,【起始角度】用于控制径向擦除的起点。至于【擦除中心】和【擦除】选项,则分别用于控制【径向擦除】中心点的位置和擦除方式,如图 6-87 所示。

图 6-87　起始角度与两者兼有效果

3. 渐变擦除

【渐变擦除】视频特效能够根据两个素材的颜色和亮度建立一个新的渐变层,从而在第一个素材逐渐消失的同时逐渐显示第二个素材,如图 6-88 所示。

在【特效控制台】面板中,还可以对渐变的柔和度,以及渐变图层的位置与效果进行调整,如图 6-89 所示。

4. 百叶窗

【百叶窗】视频特效能够模拟百叶窗张开或闭合时的效果,从而通过分割素材画面的方式,实现切换素材画面的目的,如图 6-90 所示。

图 6-88　【渐变擦除】视频特效实现画面切换

在【特效控制台】面板中,通过更改【过渡完成】、【方向】和【宽度】等选项的参数值,用户还可对"百叶窗"的打开程度、角度和大小等内容进行调整,如图 6-91 所示。

图 6-89　各种渐变擦除效果

图 6-90　【百叶窗】视频特效实现画面切换

5. 线性擦除

应用【线性擦除】视频特效后，用户可以在两个素材画面之间以任意角度擦拭的方式完成画面切换，如图 6-92 所示。在【特效控制台】面板中，可以通过调整参数【擦除角度】的值来设置过渡效果的方向。

图 6-91　各种百叶窗效果

● 6.6.2　时间与视频

在【视频特效】特效组中，还能够设置视频画面的重影效果，以及视频播放的快慢效果。并且还可以通过特效为视频画面添加时间码效果，从而在视频播放过程中查看播放时间。

1. 抽帧

【抽帧】特效是【视频特效】|【时间】特效组中的一个特效，也是比较常用的效果处理手段，一般用于娱乐节目和现场破案等片子当中，可以制作出具有空间停顿感的运动画面。只要将该特效添加至视频素材中，即可得到停顿效果，如图 6-93 所示。

图 6-92　【线性擦拭】视频特效实现画面切换

2．重影

【重影】特效同样是【视频特效】|【时间】特效组中的其中一个特效，该特效的添加能够为视频画面添加重影效果。只要将该特效添加至素材中，即可查看重影效果，如图 6-94 所示。

图 6-93 抽帧特效

3．时间码

【时间码】特效是【视频特效】|【视频】特效组中的特效，当为视频添加该特效后，即可在画面的正下方显示时间码，如图 6-95 所示。

图 6-94 重影特效　　　　　图 6-95 时间码特效

这时，单击【节目】面板中的【播放/停止切换】按钮 ▶，即可在视频播放的同时，查看时间码记录播放时间的动画，如图 6-96 所示。

图 6-96 时间码动画

6.7 课堂练习：制作水中的倒影

本例制作汽车在水中的倒影。通过学习添加【波形弯曲】视频特效，使水的素材呈现波动的效果，再降低其透明度，使水波显得更加逼真。再为汽车素材添加【垂直翻转】特效，并添加相同的弯曲特效，调整素材的位置，制作出汽车在水中的倒影效果，如图 6-97 所示。

图 6-97 　制作水中的倒影

具体操作步骤如下。

1 启动 Premiere Pro CS6，在【新建项目】对
话框中，单击【浏览】按钮，选择文件的保
存位置。在【名称】栏中，输入"水中的倒
影"，单击【确定】按钮，创建新项目，如
图 6-98 所示。

图 6-99 　导入素材

图 6-98 　新建项目

2 在【项目】面板中双击，弹出【导入】对话
框，选择素材图片，导入到【项目】面板中，
如图 6-99 所示。

3 选择素材"水.jpg"，拖入到【时间轴】面板
的"视频 1"轨道上。在【特效控制台】面
板中，设置其【透明度】为 80%，如图 6-100
所示。

图 6-100 　设置【透明度】参数

4 在【效果】面板中，展开【视频特效】文件
夹和【扭曲】子文件夹，选择【波形弯曲】
特效，添加到该素材上，如图 6-101 所示。

5 在【特效控制台】面板中，展开【波形弯曲】
特效，设置【波形宽度】为 100，如图 6-102
所示。

图 6-101　添加【波形弯曲】特效

图 6-102　设置【波形弯曲】参数

6 在【效果】面板中，展开【变换】文件夹，选择【羽化边缘】特效，添加到该素材上，如图 6-103 所示。

图 6-103　添加【羽化边缘】特效

7 在【特效控制台】面板中，设置【羽化边缘】的【数量】为 100，如图 6-104 所示。

图 6-104　设置【羽化边缘】参数

8 将素材"汽车.jpg"添加到"视频 2"轨道上。在【特效控制台】面板中，设置其【位置】为 354.7，185.7 及【缩放比例】参数为 50%，如图 6-105 所示。

图 6-105　设置【位置】参数

9 为汽车素材添加【羽化边缘】特效，在【特效控制台】面板中，设置【羽化边缘】数量为 100，如图 6-106 所示。

10 将汽车素材拖至"视频 3"轨道上，在【特效控制台】面板中，设置其【位置】和【缩放比例】参数，如图 6-107 所示。

11 在【效果】面板中，选择【视频特效】|【变换】|【垂直翻转】视频特效，添加到"视频 3"轨道的汽车素材上，如图 6-108 所示。

图 6-106 添加【羽化边缘】特效

图 6-107　设置参数

图 6-108　添加【垂直翻转】视频特效

12　再为其添加【羽化边缘】视频特效，在【特效控制台】面板中，设置【数量】为 100，并设置该素材的【透明度】为 40%，如图 6-109 所示。

图 6-109　添加【羽化边缘】特效

13　在【效果】面板中，选择【波形弯曲】特效，添加到"视频 3"轨道的素材上，如图 6-110 所示。

图 6-110　添加【波形弯曲】特效

14　在【特效控制台】面板中，设置【波形宽度】为 100。在【节目】面板中可预览动画效果，最后，保存文件，完成汽车在水中的倒影的制作，如图 6-111 所示。

图 6-111 设置【波形弯曲】参数

6.8 课堂练习：夕阳斜照

夕阳西下的视频效果非常不易拍摄，需要长时间的拍摄和绝佳的拍摄角度。但是 Premiere Pro CS6 可以模拟夕阳斜照的效果。如果搭配关键帧，则可以制作出夕阳西下的视频效果，如图 6-112 所示。

图 6-112 夕阳斜照效果

具体操作步骤如下。

1 在 Premiere Pro CS6 中新建"夕阳斜照"项目，将准备好的视频"北海波光.avi"导入【项目】面板中，如图 6-113 所示。

2 选中【项目】面板中的视频"北海波光.avi"，并拖至【时间轴】面板的"视频 1"轨道中，如图 6-114 所示。

3 单击【项目】面板底部的【新建分项】按钮，选择【调整图层】选项，直接单击【调整图层】对话框中的【确定】按钮，创建调整图层，如图 6-115 所示。

图 6-113 导入视频文件

图 6-114　插入【时间轴】面板

图 6-115　创建调整图层

4　将调整图层插入【时间轴】面板的"视频 2"
轨道中，并且将调整图层的播放长度向右拖
拉，与"视频 1"轨道中的视频长度相等，
如图 6-116 所示。

图 6-116　插入调整图层

5　选中【时间轴】面板中的调整图层，在【效
果】面板中双击【视频特效】|【生成】|【镜
头光晕】特效，将其添加至该调整图层中，
如图 6-117 所示。

图 6-117　添加【镜头光晕】特效

6　将【时间轴】面板中的【当前时间指示器】
放置在 00:00:01:00 处，在【特效控制台】
面板中分别设置【光晕中心】为 234.0、
–34.6，【光晕亮度】为 120%，【与原始图
像混合】为 10%，如图 6-118 所示。

图 6-118　设置【镜头光晕】特效选项

7　在【特效控制台】面板中，单击【光晕中心】
选项左侧的【切换动画】图表，创建第
一个关键帧，如图 6-119 所示。

图 6-119　创建第一个关键帧

⑧ 将【时间轴】面板中的【当前时间指示器】
放置在 00:00:28:00 处，在【特效控制台】
面板中单击【添加/移除关键帧】按钮 ◇ ，
创建第二个关键帧。设置【光晕中心】选项
为 234.0、216.4，如图 6-120 所示。

⑨ 将【时间轴】面板中的【当前时间指示器】
放置在 00:00:00:00 处后，在【节目】面板
中可预览动画效果。确认无误后保存文件，
完成"夕阳西下"的制作。

图 6-120 创建第二个关键帧

6.9 思考与练习

一、填空题

1. Premiere Pro CS6 共为用户提供了 130 多
种视频特效，所有特效按照类别被放置在【效果】
面板的【＿＿＿＿＿】文件夹内。

2. 为素材添加视频特效的方法主要有两种：
一种是利用【时间轴】面板添加，另一种则是利
用【＿＿＿＿＿】面板添加。

3. 在【特效控制台】面板内完成属性参数
的设置之后，视频特效应用于影片剪辑后的效果
将即时显示在【＿＿＿＿＿】面板中。

4. 在【特效控制台】面板中，通过添加关
键帧并调整【＿＿＿＿＿】属性的参数值，即可
创建旋转动画效果。

5.【＿＿＿＿＿】类视频特效能够使素材画
面产生多种不同的变形效果。

二、选择题

1. Premiere Pro CS6 中的视频特效被存放在
＿＿＿＿＿。

    A.【效果】面板

    B.【特效控制台】面板

    C.【时间轴】面板

    D.【节目】面板

2. 在关于添加关键帧的操作方法中，下列
说法错误的是＿＿＿＿＿。

    A. 在【特效控制台】面板中，直接单
击某一视频特效属性栏中的【切换
动画】按钮，即可开启该属性的动
画选项，并添加该属性的第一个关
键帧

    B. 在某属性已开启动画选项的前提下，
直接单击属性栏中的【添加/移除
关键帧】按钮，即可在当前时间指示
器的位置处添加关键帧

    C. 在【时间轴】面板中，选择素材所
应用视频特效的属性后，直接单击
【添加/移除关键帧】按钮，即可在当
前时间指示器的位置处添加关
键帧

    D. 在相应属性动画选项已开启的前提
下，在【时间轴】面板中选择素材
特效的相应属性，并单击【添加/移
除关键帧】按钮，即可在当前时间
指示器的位置处添加关键帧

3. 在【扭曲】类视频特效中，能够使屏幕
画面产生虚影的视频特效是＿＿＿＿＿。

    A. 变换

    B. 弯曲

    C. 镜像

    D. 偏移

4. 在下列选项中，对【方向模糊】视频特
效的作用描述正确的是＿＿＿＿＿。

    A. 能够对画面中的每个像素进行相同
的模糊操作

    B. 对画面内容进行随机模糊处理

    C. 能够使素材画面向指定方向进行模
糊处理

D. 利用高斯运算方法生成模糊效果

5. 在【特效控制台】面板中，无法通过调整【运动】选项组内的属性来完成的视频特效_____。

    A. 运动特效

    B. 缩放特效

    C. 透明特效

    D. 浮雕特效

三、问答题

1. 怎样为影片剪辑添加视频特效？

2. 如何在不影响视频的情况下添加视频？

3. 自定义运动特效的操作步骤是什么？

4. 简述垂直保持与垂直翻转的区别。

5. 如何制作画面局部放大效果？

四、上机练习

1. 制作线性擦除转场动画效果

要使用【视频特效】|【过渡】特效组中的特效制作视频转场效果，首先要将两个素材放置在不同的视频轨迹中，并且进行部分时间重叠。然后将【过渡】特效组中的【线性擦除】特效添加至上方素材中，如图 6-121 所示。

   图 6-121   添加特效

接着在素材重叠区域，创建【线性擦除】特效中的【过渡完成】选项关键帧，并且分别设置其参数为 0% 与 100%，完成过渡动画的制作。其中，为了使线性擦除效果更加明显，这里还设置了【擦除角度】与【羽化】选项，如图 6-122 所示。

最后，单击【节目】面板中的【播放/停止切换】按钮 ▶，即可查看线性擦除转场动画效果，如图 6-123 所示。

   图 6-122   创建关键帧动画

   图 6-123   线性擦除转场动画效果

2. 制作重复画面效果

要想将视频画面制作成多个相同画面同时显示的效果，只要将【视频特效】|【风格化】特效组中的【复制】特效添加至素材中，然后设置该特效中的【计数】参数值，即可得到多个画面显示的效果，如图 6-124 所示。

   图 6-124   多个画面效果

第7章

校正和调整视频色彩

当拍摄的视频素材导入到 Premiere Pro CS6，并且将不需要的视频片段删除，以及将琐碎的视频片段组合为完整的视频效果后，即使添加了视频转场和视频特效，为视频效果添加各式各样的特效外，还是需要对视频画面进行色彩校正或者调整画面色调。这是因为在拍摄时，无法控制视频拍摄地点的光照条件和其他物体对光照的影像，从而会使拍摄出来的视频出现过于暗淡，影响视频画面的整体效果。

在本章节中，将着重讨论 Premiere Pro CS6 在校正、调整和优化素材色彩方面的技术与方法。在介绍时，会首先从 Premiere Pro CS6 所支持的 RGB 颜色模型开始，然而依次介绍 Premiere Pro CS6 所提供的各种视频增强选项。

本章学习要点：

➢ 色彩理论知识

➢ 图像控制类特效

➢ 色彩校正类特效

➢ 调整类特效

7.1 颜色模式

现阶段，大多数影视节目的最终播放平台仍以电视、电影等传统视频平台为主，但制作这些节目的编辑平台却大都以计算机为基础。这就使得以计算机为运行平台的非线性编辑软件在处理和调整图像时往往不会基于电视工程学技术，而是采用计算机创建颜色方法的基本原理。因此，在学习使用 Premiere Pro CS6 调整视频素材色彩之前，需要首先了解并学习一些关于色彩及计算机颜色理论的重要概念。

7.1.1 色彩与视觉原理

对人们来说，色彩是由于光线刺激眼睛而产生的一种视觉效应。也就是说，光色并存，人们的色彩感觉离不开光，只有在含有光线的场景内人们才能够"看"到色彩。

1. 光与色

从物理学的角度来看，可见光是电磁波的一部分，其波长大致为 400~700nm，因此该范围又被称为可视光线区域。人们在将自然光引入三棱镜后发现，光线被分离为红、橙、黄、绿、青、蓝、紫 7 种不同的色彩，因此得出自然光是由七种不同颜色的光线组合而成的结论，这种现象，被称为光的分解。而上述七种不同颜色的光线排列则被称为光谱，其颜色分布方式是按照光的波光进行排列的，如图 7-1 所示。可以看出，红色的波长最长，而紫色的波长最短。

在自然界中，光以波动的形式进行直线传输，具有波长和振幅两个因素。以人们的视觉效果来说，不同的波长会产生颜色的差别，而不同的振幅强弱与大小则会在同一颜色内产生明暗差别。

400 nm   500 nm   600 nm   700 nm

2. 物体色

自然界的物体五花八门、变化万千，它们本身虽然大都不会发光，

图 7-1 可见光的光谱

但都具有选择性地吸收、反射、透射光线的特性。当这些物体将某些波长的光线吸收后，人们所看到的便是剩余光线的混合色彩，即物体的表面色。当然，由任何物体对光线不可能全部吸收或反射，因此并不存在绝对的黑色或白色。

物体对色光的吸收、反射或透射能力，会受到物体表面肌理状态的影响。因此，物体对光的吸收与反射能力虽是固定不变的，但物体的表面色却会随着光源色的不同而改变，有时甚至失去其原有的色相感觉。也就是说，所谓的物体"固有色"，实际上不过是常见光线下人们对此物体的习惯认识而已。例如，在闪烁、强烈的各色霓虹灯光下，所有的建筑几乎都会失去原有的本色，显得奇异莫测，如图 7-2 所示。

7.1.2 色彩三要素

在色度学中,颜色通常被定义为一种通过眼睛传导的感官印象,即视觉效应。同触觉、嗅觉和痛觉一样,视觉的起因是刺激,而刺激来源于光线的辐射。

在日常生活中,人们在观察物体色彩的同时,也会注意到物体的形状、面积、材质、肌理,以及该物体的功能及其所处的环境。通常

图 7-2 霓虹灯光中的大桥

来说,这些因素也会影响人们对色彩的感觉。为了寻找规律性,人们对感性的色彩认知进行分析,并最终得出了色相、亮度和饱和度这 3 种构成色彩的基本要素。

提 示

色度学是一门研究彩色计量的科学,其任务在于研究人眼彩色视觉的定性和定量规律及应用。

1. 色相

色相指色彩的相貌,是区别色彩种类的名称,根据不同光线的波长进行划分。也就是说,只要色彩的波长相同,其表现出的色相便相同。在之前我们所提到的七色光中,每种颜色都表示一种具体的色相,而它们之间的差别便属于色相差别,如图 7-3 所示即为十二色相环与二十四色相环示意图。

简单地说,当人们在生活中称呼某一颜色的名称时,脑海内所浮现出的色彩,便是色相的概念。也正是由于色彩具有这种具体的特征,人们才能够感受到一个五彩缤纷的世界。

提 示

色相也称为色泽,饱和度也称为纯度或者彩度,亮度也称为明度。国内的部分行业对色彩的相关术语也有一些约定成俗的叫法,因此名称往往也会有所差别。

十二色相环   二十四色相环

图 7-3 色相环

人们在长时间的色彩探索过程中发现,不同色彩会让人们产生相对的冷暖感觉,即色性。一般来说,色性的起因是基于人类长期生活中所产生的心理感受。例如,绿色能够给人清新、自然的感觉。如果是在雨后,则由于环境的衬托,上述感觉会更为突出和

明显，如图 7-4 所示。

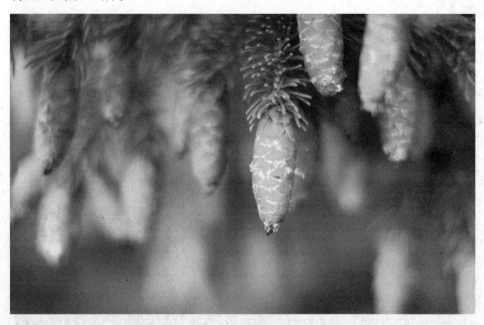

◢ 图 7-4　清理、自然的绿色

　　然而在日常生活中，人们所处的环境并不会只包含一种颜色，而是由各种各样的色彩所组成的。因此，自然环境对人们心理的影响往往不是由一种色彩所决定的，而是多种色彩相互影响后的结果。例如，单纯的红色会给人一种热情、充满活力的感觉，但却过于激烈；在将黄色与红色搭配后，就能够消除红色所带来的亢奋感，并带来活泼、愉悦的感觉，如图 7-5 所示。

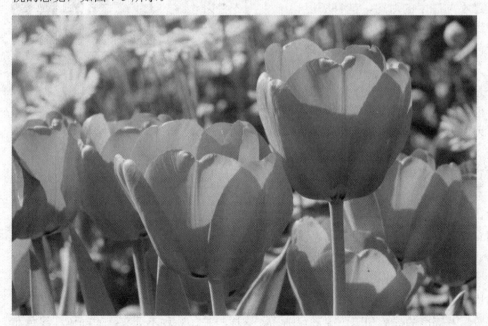

◢ 图 7-5　红黄色搭配的效果

2．饱和度

饱和度是指色彩的纯净程度，即纯度。在所有的可见光中，有波长较为单一的，也有波长较为混杂的，还有处在两者之间的。其中，黑、白、灰等无彩色的光线即为波长最为混杂的色彩，这是由于饱和度、色相感的逐渐消失而造成的。

从色彩纯度的方面来看，红、橙、黄、绿、青、蓝、紫这几种颜色是纯度最高的颜色，因此又被称为纯色。

从色彩的成分来看，饱和度取决于该色彩中的含色成分与消色成分（黑、白、灰）之间的比例。简单地说，含色成分越多，饱和度越高；消色成分越多，饱和度越低。例如，当我们在绿色中混入白色时，虽然仍旧具有绿色相的特征，但其鲜艳程度会逐渐降低，成为淡绿色；当混入黑色时，则会逐渐成为暗绿色；当混入亮度相同的中性灰时，色彩会逐渐成为灰绿色，如图 7-6 所示。

图 7-6　不同的饱和度

3．亮度

亮度是所有色彩都具有的属性，指色彩的明暗程度。在色彩搭配中，亮度关系是颜色搭配的基础。一般来说，通过不同亮度的对比，能够突出表现物体的立体感与空间感。

就色彩在不同亮度下所显现的效果来看，色彩的亮度越高，颜色就越淡，并最终表现为白色。与此相对应的是，色彩的亮度越低，颜色就越重，并最终表现为黑色，如图 7-7 所示。

图 7-7　不同亮度的色彩

● 7.1.3　RGB 颜色理论

RGB 色彩模式是工业界的一种颜色标准，其原理是通过对红（Red）、绿（Green）、蓝（Blue）这三种颜色通道的变化，以及它们相互之间的叠加来得到各式各样的颜色。RGB 标准几乎包括了人类视力所能感知的所有颜色，是目前运用最为广泛的颜色系统之一。

当用户需要编辑颜色时，Premiere Pro CS6 可以让用户从 256 个不同亮度的红色，以及相同数量及亮度的绿色和蓝色中进行选择。这样一来，3 种不同亮度的红色、绿色和蓝色在相互叠加后，便会产生超过1670多万种（256×256×256）的颜色供用户选择，如图7-8所示即为Premiere Pro CS6按照RGB颜色标准为用户所提供的颜色拾取器。

在Premiere颜色拾取器中，用户只需依次指定R（红色）、G（绿色）和B（蓝色）的亮度，即可得到一个由三者叠加后所产生的颜色。在选择颜色时，用户可根据需要按照表7-1所示混合公式进行选择。

图7-8　Premiere颜色拾取器

表7-1　两原色相同所产生的颜色

混 合 公 式	色　板
RGB两原色等量混合公式	
R（红）＋G（绿）生成Y（黄）（R＝G） G（绿）＋B（蓝）生成C（青）（G＝B） B（蓝）＋R（红）生成M（洋红）（B＝R）	
RGB两原色非等量混合公式	
R（红）＋G（绿↓减弱）生成Y→R（黄偏红） 红与绿合成黄色，当绿色减弱时黄偏红	
R（红↓减弱）＋G（绿）生成Y→G（黄偏绿） 红与绿合成黄色，当红色减弱时黄偏绿	
G（绿）＋B（蓝↓减弱）生成C→G（青偏绿） 绿与蓝合成青色，当蓝色减弱时青偏绿	
G（绿↓减弱）＋B（蓝）生成CB（青偏蓝） 绿和蓝合成青色，当绿色减弱时青偏蓝	
B（蓝）＋R（红↓减弱）生成MB（品红偏蓝） 蓝和红合成品红，当红色减弱时品红偏蓝	
B（蓝↓减弱）＋R（红）生成MR（品红偏红） 蓝和红合成品红，当蓝色减弱时品红偏红	

7.2　图像控制类特效

图像控制类型视频特效的主要功能是更改或替换素材画面内的某些颜色，达到突出画面内容的目的。而在该特效组中，不仅包含调节画面亮度的特效、灰度画面的特效，还包括改变固定颜色以及整体颜色的颜色调整特效。

7.2.1　灰度亮度特效

【灰度系统校正】特效的作用是通过调整画面的灰度级别达到改善图像显示效果、优化图像质量的目的。与其他视频特效相比，灰度系数校正的调整参数较少，调整方法也较为简单。当降低【灰度系统（Gamma）】选项的取值时，将提高图像内灰度像素的亮度；当提高【灰度系统（Gamma）】选项的取值时，则将降低灰度像素的亮度。

例如，在图 7-9 所示的画面中，降低【灰度系统（Gamma）】选项的取值后，处理后的画面有种提高环境光源亮度的效果；当【灰度系统（Gamma）】选项的取值升高时，则有一种环境内的湿度加大，从而使得色彩更加鲜艳的效果。

图 7-9　灰度系数校正使用前后效果对比

7.2.2　饱和度特效

日常生活中的视频通常情况下为彩色的，要想制作灰度效果的视频效果，可以通过 Premiere Pro CS6 中【图像控制】特效组中的【色彩传递】与【黑白】特效。前者能够将视频画面逐渐转换为灰度，并且保留某种颜色；后者则是将画面直接变成灰度。

色彩传递视频特效的功能，是指定颜色及其相近色之外的彩色区域全部变为灰度图像。默认情况下在为素材应用色彩传递视频特效后，整个素材画面都会变为灰色，如图 7-10 所示。

图 7-10　色彩传递特效应用前后效果对比

此时，在【特效控制台】面板内的【色彩传递】选项中，单击【颜色】吸管按钮。然后，在监视器面板内单击所要保留的颜色，即可去除其他部分的色彩信息，如图 7-11 所示。

由于【相似性】选项参数较低的缘故，单独调节【颜色】选项还无法满足过滤画面色彩的需求。此时，只需适当提高【相似性】选项的取值，即可逐渐改变保留色彩区域的范围，如图 7-12 所示。

图 7-11　选择所要传递的色彩

【特效控制台】面板中,除了能够直接通过更改选项参数的方法来调整特效的应用效果外,还可在【色彩传递】选项组内单击【设置】按钮,打开【色彩传递设置】对话框。在该对话框中,可分别在【素材示例】和【输出示例】监视器面板内直接查看素材剪辑与特效应用后的画面效果,如图 7-13 所示。

图 7-12 设置【相似性】参数值的效果　　图 7-13 【色彩传递设置】对话框

在【色彩传递设置】对话框中,勾选【反向】复选框后,即可将所选色彩更改为灰色,如图 7-14 所示。至于【色彩传递设置】对话框内的其他参数,则与【色彩传递】选项内的参数含义相同。

提 示

【黑白】特效的作用就是将彩色画面转换为灰度效果。该特效没有任何的参数,只要将该特效添加至轨迹中,即可将彩色画面转换为黑白色调。

7.2.3 颜色平衡

【颜色平衡】视频特效能够通过调整素材内的 R、G、B 颜色通道,达到更改色相、调整画面色彩和校正颜色的目的。

在【特效控制台】面板的【颜色平衡(RGB)】特效中,【红色】、【绿色】和【蓝色】选项后的数值分别代表红色成分、绿色成分和蓝色成分在整个画面内的色彩比重与亮度。简单地说,当 3 个选项的参数值相同时,表示红、绿、蓝 3 种成分色彩的比重无变化,则素材画面色调在应用特效前后无差别,但画面整体亮度却会随数值的增大或减小而提高或降低,如图 7-15 所示。

图 7-14 去除所选颜色区域的色彩信息

图 7-15 数值相同时调整画面亮度

当画面内的某一色彩成分多于其他色彩成分时，画面的整体色调便会偏向于该色彩成份；当降低某一色彩成分时，画面的整体色调便会偏向于其他两种色彩成分的组合。例如，在逐渐增加【绿色】选项参数值的过程中，素材画面内的洋红成份越来越少，形成绿色与黄色更加鲜艳，而浅紫色的花瓣变成白色，如图 7-16 所示。

图 7-16 改变画面中的绿色成分

7.2.4 颜色替换

【颜色替换】特效是能够将画面中的某个颜色替换为其他颜色，而画面中的其他颜色不发生变化。要实现该效果，只要将该特效添加至轨迹中，并且在【特效控制台】面板中分别设置【目标颜色】与【替换颜色】选项，即可改变画面中的某个颜色，如图 7-17 所示。

图 7-17 颜色替换

> **技 巧**
>
> 在设置【目标颜色】与【替换颜色】选项颜色，既可以通过单击色块来选择颜色，也可以使用【吸管工具】在【节目】面板中单击来确定颜色。

由于【相似性】选项参数较低的缘故，单独设置【替换颜色】选项还无法满足过滤画面色彩的需求。此时，只需适当提高【相似性】选项的参数值，即可逐渐改变保留色彩区域的范围，如图 7-18 所示。

在该特效右侧单击【设置】按钮，在弹出的【颜色替换设置】对话框中能够进行同样的设置。并且还可以通过勾选【纯色】选项，将要替换颜色的区域填充为纯色效果，如图 7-19 所示。

图 7-18 设置【相似性】参数

7.3 色彩校正类特效

通过拍摄得到的视频，画面会根据拍摄当天的周围情况、光照等自然因素，出现亮度不够、低饱和度或者偏色等问题。其他类型的视频特效虽然也能够在一定程度上解决上述问题，但色彩校正类特效在色彩调整方面的控制选项更为详尽，因此对画面色彩的校正效果更为专业，可控性也较强。

图 7-19　勾选【纯色】选项

7.3.1 校正色彩特效

在 Premiere Pro CS6 中，【色彩校正】类与【颜色校正】类特效共包括 17 个特效，其中，快速色彩校正、亮度校正、RGB 色彩校正和三路色彩校正特效是专门针对校正画面偏色的特效。其中，分别从亮度、色相等问题进行校正。

1. 快速色彩校正

将【快速色彩校正】特效拖至"视频 1"轨道的素材上，打开【特效控制台】面板，如图 7-20 所示，图中只显示了一部分参数选项。在该面板中，通过设置该特效的参数，可以得到不同的效果。

- ❏ **输出**　该下拉列表设置输出选项。其中包括复合、Luma 与蒙版三种类型。如果勾选【显示拆分视图】选项，则可以设置为分屏预览效果。

- ❏ **版面**　该下拉列表用于设置分屏预览布局，包含水平和垂直两种预览模式。

- ❏ **拆分视图百分比**　该选项用于设置分配比例。

- ❏ **白平衡**　该选项用于设置白色平衡、参数越大，画面中的白色就越多。

- ❏ **色相平衡和角度**　该调色盘是调整色调平衡和角度的，可以直接使用它来改变画面的色调，如图 7-21 所示。

图 7-20　【快速色彩校正】特效选项

图 7-21　对比图

- **色相角度** 该选项用于设置色彩平衡的数量。
- **平衡数量级** 该选项用于增加白平衡。
- **平衡增益** 该选项用于设置色彩的饱和度。
- **平衡角度** 该选项用于设置白平衡角度。

【自动黑色阶】、【自动对比度】与【自动白色阶】按钮分别改变素材中的黑白灰程度，也就是素材的暗调、中间调和亮度。当然，同样可以设置下面的【黑色阶】、【灰色阶】和【白色阶】选项来自定义颜色。

【输入电平】与【输出电平】选项分别设置图像中的输入和输出范围，可以拖动滑块改变输入和输出的范围，也可以通过该选项渐变条下方的选项参数值来设置输入和输出范围。其中，滑块与选项参数值相对应，当其中一方设置后，另一方同时更改参数，例如【输入电平】选项中的黑色滑块对应【输入黑色阶】选项参数。

2. 亮度校正

【亮度校正】特效主要针对视频画面的明暗关系进行调整。将该特效拖至轨迹中的素材时，在【特效控制台】面板中的特效选项与【快速色彩校正】特效部分相同。其中，【亮度】和【对比度】选项是该特效特有的，如图 7-22 所示。

在【特效控制台】面板中，拖动【亮度】滑块向左，可以降低画面亮度；向右拖动滑块，可以提高画面亮度。而拖动【对比度】滑块向左，能够降低画面对比度；向右拖动滑块，能够加强画面对比度，如图 7-23 所示。

3. RGB 色彩校正

【RGB 色彩校正】特效中的参数大部分已经做过介绍，不同的是它包含一个 RGB 参数设置选项。通过改变红、绿、蓝中的参数来改变图像的颜色，如图 7-24 所示，为【RGB 色彩校正】特效的效果图。

4. 三路色彩校正

【三路色彩校正】特效是通过 3 个调色盘来调节不同色相的平衡和角度，该特效的其他参数和前面讲到的特效参数是相同的。如图 7-25 所示，为调节 3 个调色盘得到

图 7-22 【亮度校正】特效选项

图 7-23 对比图

图 7-24 对比图

的效果图。

7.3.2 亮度调整特效

【亮度与对比度】和【亮度曲线】特效是专门针对视频画面的明暗关系，其中，前者能够大致地进行亮度与对比度调整，后者则能够针对 256 个色阶进行亮度和对比度的调整。

1. 亮度与对比度

【亮度与对比度】特效可以对图像的色调范围进行简单的调整。将该特效添加至素材时，在【特效控制台】面板中，该特效只有【亮度】和【对比度】两个选项，分别进行左右滑块拖动，能够改变画面中的明暗关系，如图 7-26 所示。

图 7-25　【三路色彩校正】特效

图 7-26　【亮度与对比度】特效

2. 亮度曲线

【亮度曲线】特效虽然也是用来设置视频画面的明暗关系，但是该特效能够更加细致地进行调节，如图 7-27 所示。调节方法是，在【亮度波形】方格中，向上单击并拖动曲线，能够提亮画面；向下单击并拖动曲线，能够降低画面亮度。如果同时调节，能够加强画面对比度。

图 7-27　【亮度曲线】特效

7.3.3 饱和度调整特效

视频色彩校正特效组中，还包括一些控制画面色彩饱和度的特效，如分色、染色和色彩平衡（HLS）等特效。其中，有些特效是专门控制色彩饱和度效果，有些则在控制饱和度的基础上，改变画面色相。

1. 分色

【分色】特效是专门用来控制视频画面的饱和度效果，其中还可以在保留某种色相的基础上降低饱和度。将该特效添加至轨迹素材时，在【特效控制台】面板中显示该特效的各个选项，如图 7-28 所示。

当【要保留的颜色】选项为画面中没有的颜色，那么在提高【脱色量】参数值后，即可将彩色画面逐渐转换为灰度画面，如图 7-29 所示。

图 7-28 【分色】特效选项

图 7-29 彩色转灰度

当【要保留的颜色】选项设置为画面中的某种色相时，再次提高【脱色量】参数值，即可在保留该色相的同时，将画面中的其他颜色转换为灰度，如图 7-30 所示。

该特效中的【宽容度】与【边缘柔和度】选项，则是用来设置保留色相的容差范围。如果两者的参数值越大，保留颜色的范围越大；参数值越小，保留颜色的范围越小，如图 7-31 所示。

2. 染色

【染色】特效同样能够将彩色视频画面转换为灰度效果，也能够将彩色视频画面转换为双色调效果。在默认情况下，将该特效添加至素材后，彩色画面直接转换为灰度图，如图 7-32 所示。

图 7-30 保留某颜色

> **技 巧**
>
> 当降低【着色数量】参数值后，视频画面就会呈现低饱和度效果。

如果单击【将黑色映射到】与【将白色映射到】色块，选择黑白灰以外的颜色，那么就会得到双色调效果，如图 7-33 所示。

图 7-31 保留颜色范围变化

图7-32 【染色】特效

图7-33 双色调效果

3. 色彩平衡（HLS）

【色彩平衡（HLS）】特效不仅能够降低饱和度，还能够改变视频画面的色调与亮度。将该特效添加至素材后，直接在【色相】选项右侧单击输入数值，或者该选项下方的色调圆盘，从而改变画面色调，如图7-34所示。

向左拖动【明度】选项滑块降低画面亮度；向右拖动该滑块提高画面亮度，但是会呈现一层灰色或白色，如图7-35所示。

【饱和度】选项是用来设置画面饱和度效果，向左拖动该选项滑块能够降低画面饱和度；向右拖动该选项滑块能够增强画面饱和度，如图7-36所示。

图7-34 【色彩平衡（HLS）】特效

图7-35 设置【明度】

7.3.4 复杂颜色调整特效

在视频色彩校正特效组中，不仅能够针对校正色调、亮度调整和饱和度调整进行特效设置，还可以为视频画面进行更加综合的颜色调整设置。其中，包括整体色调的变换，与固定颜色的变换。

1. RGB曲线

【RGB曲线】特效能够调整素材画面的明暗关系和色彩变化。并且能够

图7-36 设置【饱和度】

平滑调整素材画面内的 256 级灰度，画面调整效果会更加细腻。将该特效添加是素材后，【特效控制台】面板中将显示该特效的选项，如图 7-37 所示。

该特效与【亮度曲线】特效的调整方法相同，指示后者只能够针对明暗关系进行调整，前者则既能够调整明暗关系，还能够调整画面的色彩关系，如图 7-38 所示。

图 7-37　【RGB 曲线】特效

图 7-38　调整色彩

2．色彩平衡

【色彩平衡】特效能够分别为画面中的高光、中间调和暗部区域进行红、蓝、绿色调的调整。其设置方法非常简单，只要将该特效添加至素材后，在【特效控制台】面板中拖动相应的滑块，或者直接输入数值，即可改变相应区域的色调效果，如图 7-39 所示。

3．通道混合

【通道混合】特效是根据通道颜色进行调整视频画面效果的，在该特效中分别为红色、绿色、蓝色准备了该颜色到其他多种颜色的设置，从而实现了不同颜色的设置，如图 7-40 所示。

在该特效中，还可以通过启用【单色】选项，将彩色视频画面转换为灰度效果。如果在启用该选项后，继续设置颜色选项，那么就会改变灰度效果中各个色相的明暗关系，从而改变整幅画面

图 7-39　【色彩平衡】特效

图 7-40　【通道混合】特效

的明暗关系，如图 7-41 所示。

4．更改颜色与转换颜色

要想对视频画面中的某个色相或色调进行变换，则可以通过添加【更改颜色】或者【转换颜色】特效来实现。这两个特效均是选择画面中的某种颜色后，将其转换为其他颜色。

【更改颜色】特效虽然可以改变某种颜色，但是能够将其转换为任何色相，并且还可以设置该颜色的亮度、饱和度和匹配宽容度与匹配柔和度，如图 7-42 所示。

而【转换颜色】特效则是通过设置要转换的现有颜色，以及转换后的颜色来进行颜色转换。但是同样能够通过设置【宽容度】和【柔和度】选项，来控制颜色转换范围，如图 7-43 所示。

图 7-41　转换为灰度效果

图 7-42　【更改颜色】特效

提示

该特效中的【宽容度】选项并不是单纯的一个参数，而是一组参数，在该选项中还可以再次设置【色相】、【明度】与【饱和度】参数。

7.4　调整类特效

调整类特效主要通过调整图像的色阶、阴影或高光，以及亮度、对比度等方式，达到优化影像质量或实现某种特殊画面效果的目的。

图 7-43　【转换颜色】特效

●--7.4.1　阴影/高光

【阴影/高光】特效能够基于阴影或高光区域，使其局部相邻像素的亮度提高或降低，从而达到校正由强光而形成的剪影画面，如图 7-44 所示。

在【特效控制台】面板中，展开【阴影/高光】选项后，主要通过【阴影数量】和【高光数量】等选项来调整该视频特效的应用效果。

❑ **阴影数量**

控制画面暗部区域的亮度提高数量，取值越大，暗部区域变得越亮。例如，在适当提高【阴影数量】的值后，画面内的角楼会变得更为明显，如图 7-45 所示。

图 7-44　阴影/高光视频特效应用前后的效果对比

❑ **高光数量**

控制画面亮部区域的亮度降高数量，取值越大，高光区域的亮度越低。

❑ **与原始图像混合**

该选项的作用类似于为处理后的画面设置不透明度，从而将其与原画面叠加后生成最终效果。

❑ **更多选项**

该选项为一个选项组，其中包括阴影/高光色调宽度、阴影/高光

图 7-45　提高画面暗部的亮度

半径、中间调对比度等各种选项。通过这些选项的设置，可以改变阴影区域的调整范围。

7.4.2　色阶

在 Premiere Pro CS6 数量众多的图像效果调整特效中，色阶是较为常用，且较为复杂的视频特效之一。色阶视频特效的原理是通过调整素材画面内的阴影、中间调和高光的强度级别，从而校正图像的色调范围和颜色平衡。

为素材添加色除视频特效后，在【特效控制台】面板内列出一系列该特效的选项，用来设置视频画面的明暗关系和色彩转换，如图 7-46 所示。

如果在设置参数时较为烦琐，还可以单击【色阶】选项中的【设置】按钮，即可弹出【色阶设置】对话框，如图 7-47 所示。

通过对话框中的直方图，可以分析当前图像颜色的色调分布，以便精确地调整画面颜

图 7-46　【色阶】特效选项

图 7-47　【色阶设置】对话框

色。其中，对话框中各选项的作用如下。

❑ 输入阴影

控制图像暗调部分，取值范围为 0~255。增大参数值后，画面会由阴影向高光逐渐变暗，如图 7-48 所示。

❑ 输入中间调

控制中间调在黑白场之间的分布，数值小于 1.00 图像则变暗；大于 1.00 时图像变亮，如图 7-49 所示。

图 7-48 输入阴影设置效果

❑ 输入高光

控制画面内的高光部分，数值范围为 2~255。减小取值时，图像由高光向阴影逐渐变亮，如图 7-50 所示。

❑ 输出阴影

控制画面内最暗部分的效果，其取值越大，画面内最暗部分与纯黑色的差别也就越大。综合看来，增大【输出阴影】选项的取值，会让如图 7-51 所示。

图 7-49 不同中间调设置效果

图 7-50 输入高光设置效果

图 7-51 调整画面暗部

> **提 示**
>
> 使用色阶视频特效调整画面的输出阴影与输出亮度，其效果与调整画面对比度相类似。

❑ 输出高光

控制画面内最亮部分的效果，其默认值为 255。在降低该参数的取值后，画面内的高光效果将变得暗淡，且参数值越低，效果越明显，如图 7-52 所示。

❑ 通道选项

该选项根据图像颜色模式而改变，可以对每个颜色通道设置不同的输入色阶与输出色阶值，如图 7-53 所示。

图 7-52　降低画面亮度

图 7-53　整不同通道的色阶

在【色阶设置】对话框中，直方图内的黑色条谱分别表示画面内每个亮度级别的像素数量，以展示像素在画面中的分布情况。在实际工作中，借助直方图可以精确、细致地调整画面的对比度，如图 7-54 所示。

> **提　示**
>
> 与【色阶】特效相关的还包括【自动色阶】、【自动颜色】与【自动对比度】特效，这些特效的添加能够自动校正画面的色调效果，不需要再设置。

图 7-54　调整素材画面的对比度

7.4.3　照明效果

利用【照明效果】视频特效，可通过控制光源数量、光源类型及颜色，实现为画面内的场景添加真实光照效果的目的。例如，为画面添加聚光灯效果，如图 7-55 所示。

图 7-55　聚光灯效果

1.　默认灯光设置

应用照明效果视频特效后，Premiere Pro CS6 共提供了 5 盏光源供用户使用。按照默认设置，Premiere Pro CS6 将只开启一盏灯光，在【特效控制台】面板内单击【照明效果】选项名称后，即可在【节目】面板内通过锚点调整该灯光的位置与照明范围，如图 7-56 所示。

在【特效控制台】面板中，【照明效果】选项内各项参数的作用及含义如下。

❑ **环境照明色**

该选项用来设置光源色彩，在单击该选项右侧色块后，即可在弹出的对话框中设置灯光颜色。或者，也可在单击色块右侧的【吸管】按钮后，从素材画面内选择灯光颜色，如图 7-57 所示。

❑ **环境照明强度**

该选项用于调整环境照明的亮度，其取值越小，光源强度越小；反之则越大，如图 7-58 所示。

图 7-57　设置光源颜色

图 7-58　设置照明强度

提　示

由于光照效果叠加的原因，在不调整灯光强度的情况下，可调整光照范围内的光照效果也会随着环境照明强度的增加而增加。

❑ **表面光泽**

调整物体高光部分的亮度与光泽度。

❑ **表面质感**

通过调整光照范围内的中性色部分，从而达到控制光照效果细节表现力的目的。

❑ **曝光度**

在灯光为白色的情况下，控制画面曝光强度的作用类似于调整环境照明的强度，但【曝光度】选项对光照范围内的画面影响也较大。

2．精确调节灯光效果

若要更为精确地控制灯光，可在【照明效果】选项内单击相应灯光前的【展开】按钮后，通过各个灯光控制选项进行调节，如图 7-59 所示。

在 Premiere Pro CS6 提供的光照控制选项中，除图内已经标出的控制参数外，其他参数的含义如下。

❏ **聚焦**

用于控制焦散范围的大小与焦点处的强度，取值越小，焦散范围越小，焦点亮度也越小；反之，焦散范围越大，焦点处的亮度也越高，如图 7-60 所示。

❏ **灯光类型**

Premiere Pro CS6 为用户提供了全光源、点光源和平行光 3 种不同类型的光源。其中，点光源的特点是仅照射指定的范围，如之前我们所看到的聚光灯效果。

图 7-59　光照控制选项

技　巧

虽然在默认情况下，Premiere Pro CS6 只有一种光照效果。但是只要在其他光照选项列表中选择灯光类型，即可添加第二个光照效果，甚至更多。

平行光的特点是以光源为中心，向周围均匀地散播光线，强度则随着距离的增加而不断衰减，如图 7-61 所示。

至于全光源，特点是光源能够均匀地照射至素材画面的每个角落。在应用全光源类型的灯光时，除了可以通过【强度】选项来调整光源亮度外，还可利用【主要半径】选项，通过更改光源与素材平面之间的距离，达到控制照射强度的目的，如图 7-62 所示。

图 7-60　设置不同聚焦参数的效果对比

7.4.4　其他调整特效

在调整类特效组中，除了上述颜色调整特效外，还包括有些亮度调整、色彩调整以及黑白效果调整的特效。

1. 卷积内核

【卷积内核】是 Premiere Pro CS6 内部较为复杂的视频特效之一，其原理是通过改变画面内各个像素的亮度值来实现某些特殊效果，其参数面板如图 7-63 所示。

图 7-61　平行光效果

图 7-62　利用主要半径调整全光源照射强度

在【特效控制台】面板内的【卷积内核】选项中，M11~M33 这 9 项参数全部用于控制像素亮度，单独调整这些选项只能实现调节画面亮度的效果。然而，在组合使用这些选项后，便可以获得重影、浮雕，甚至让略微模糊的图像变得清晰起来，如图 7-64 所示。

在 M11~M33 这 9 项参数中，每 3 项参数分为一组，如 M11~M13 为一组、M21~M23 为一组、M31~M33 为一组。调整时，通常情况下每组内的第 1 项参数与第 3 项参数应包含一个正值和一个负值，且两数之和为 0，至于第 2 项参数则用于控制画面的整体亮度。这样一来，便可在实现立体效果的同时保证画面亮度不会出现太大变化。

2. 基本信号控制

基本信号控制特效的作用是调整素材的亮度、对比度，以及色相、饱和度等基本的影像属性，从而实现优化素材质量的目的。

为素材添加【基本信号控制】视频特效后，在【特效控制台】面板内展开【基本信号控制】选项，其各项参数如图 7-65 所示。

若要调整【基本信号控制】视频特效对影片剪辑的应用效果，可在【特效控制台】面板内的【基本信号控制】选项中，通过更改下列参数来实现。

❑ 亮度

调整素材画面的整体亮度，取值越小、画面越暗，反之则越亮。在实际应用中，该选项的取值范围通常在–20~20 之间。

❑ 对比度

调节画面亮部与暗部间的反差，取值越小反差越小，表现为色彩变得暗淡，且黑白色都开始发灰；取值越大则反差越大，表现为黑色更黑，而白色更白，如图 7-66 所示。

❑ 色相

该选项的作用是调整画面的整体色调。利用该选项，除了可以校正画面整体偏色外，还可创造一些诡异的画面效果，如图 7-67 所示。

图 7-63　　【卷积内核】参数设置面板

图 7-64　　卷积内核特效应用效果

图 7-65　　特效参数项

图 7-66　　不同对比度的效果对比

❑ **饱和度**

用于调整画面色彩的鲜艳程度，取值越大、色彩越鲜艳，反之则越暗淡，当取值为 0 时画面便会成为灰度图像，如图 7-68 所示。

图 7-67　调整画面色调

3. 提取

【提取】特效的功能是去除素材画面内的彩色信息，从而将彩色的素材画面处理为灰度画面，如图 7-69 所示。

在【特效控制台】面板中，不仅可以通过【提取】选项下的参数来控制画面效果，还可在单击【提取】特效选项中的【设置】按钮后，在弹出的【提取设置】对话框内直观地调节画面效果，如图 7-70 所示。

图 7-68　调整画面色彩的饱和度

在【特效控制台】面板中，【提取】选项内的各项参数与【提取设置】对话框内的参数相对应，其功能如下。

❑ **输入黑色阶**

该参数与【提取设置】对话框【输入范围】内的第一个参数相对应，其作用是控制画面内黑色像素的数量，取值越小，黑色像素越少。

❑ **输入白色阶**

该参数与【提取设置】对话框【输入范围】内的第二个参数相对应，其作用是控制画面内白色像素的数量，取值越小，白色像素越少。

图 7-69　提取特效应用前后的效果对比

❑ **柔和度**

控制画面内灰色像素的阶数与数量，取值越小，上述两项内容的数量也就越少，黑、白像素间的过渡就越为直接；反之，则灰色像素的阶数与数量越多，黑、白像素间的过渡就越为柔和、缓慢。

图 7-70　【提取设置】对话框

❑ **反相**

当启用该复选框后，Premiere Pro CS6 便会置换图像内的黑白像素，即黑像素变为白像素、白像素变为黑像素，如图 7-71 所示。

图 7-71　反相效果

7.5 课堂练习：宝宝探险记

本实例主要通过色彩校正类的视频特效，改变拍摄视频的画面色彩效果，如图 7-72 所示。在制作过程中，虽然通过视频转场将不同的视频组合在一起，但是拍摄的画面过于平淡。这里使用了【色阶】与【色彩平衡】调整特效，增加了画面的对比度和色彩鲜艳度。

图 7-72　宝宝探险记视频效果

具体操作步骤如下。

1　启动 Premiere Pro CS6，在【新建项目】面板中单击【浏览】按钮，选择文件的保存位置。在【名称】栏中输入"宝宝探险记"文本，单击【确定】按钮，即可创建新项目，如图 7-73 所示。

图 7-74　导入视频素材

3　在【项目】面板中滑动鼠标查看视频后，分别为视频文件 00724.MTS 设置出点，视频文件 00732.MTS 设置入点，如图 7-75 所示。

图 7-73　创建项目

2　在【项目】面板空白位置单击，打开【打开】对话框。将准备好的视频素材导入该面板中，如图 7-74 所示。

图 7-75　设置出入点

181

4 依次将视频文件 00732.MTS 与 00724.MTS 插入【时间轴】面板的"视频 1"轨道中，然后在【特效控制台】面板中设置【运动】选项组的【缩放】选项均为 55%，如图 7-76 所示。

图 7-76　插入视频

5 选中【效果】面板中的【预设】|【模糊】|【快速模糊入】特效，将其拖入到【时间轴】面板中的左侧视频片段中。将【预设】|【旋转扭曲】|【旋转扭曲出】特效拖入到右侧视频片段中，如图 7-77 所示。

图 7-77　插入预设特效

6 选择【效果】面板中的【视频切换】|【擦除】|【随机擦除】特效，将其拖至【时间轴】面板中的两个视频片段之间，为其添加转场特效，如图 7-78 所示。

图 7-78　添加转场特效

7 单击【项目】面板底部的【新建分项】按钮，在弹出的菜单中执行【调整图层】命令，创建调整图层，如图 7-79 所示。

图 7-79　创建调整图层

8 将调整图层插入【时间轴】面板的"视频 2"轨道中，并且向右拖动，使其长度与"视频 1"轨道中的视频长度相等，如图 7-80 所示。

图 7-80　插入调整图层

9 选中调整图层，在【效果】面板中双击【视频特效】|【调整】|【色阶】特效。为调整图层添加【色阶】特效，如图 7-81 所示。

图 7-81　添加【色阶】特效

10 在【特效控制台】面板中展开【色阶】特效，
  设置【（RGB）输入黑色阶】选项为 34，
  【（RGB）输入白色阶】选项为 235，增强画
  面对比度效果，如图 7-82 所示。

图 7-84　设置参数

注　意

由于是在调整图层中添加的色彩校正特效，所
以在设置色彩参数时，需要来回拖动【时间轴】
面板中的【当前时间指示器】，查看不同视频
画面中的色彩效果。

图 7-82　设置参数

11 继续在【效果】面板中双击【视频特效】|
  【色彩校正】|【色彩平衡】特效。为调整图
  层添加【色彩平衡】特效，如图 7-83 所示。

13 完成选项设置后，在【节目】监视器面板中
  单击【播放/停止切换】按钮，查看视
  频效果，如图 7-85 所示。确认无误后，按
  Ctrl+S 快捷键保存文件，完成视频制作。

图 7-83　添加【色彩平衡】特效

12 在【特效控制台】面板展开【色彩平衡】特
  效选项，通过观察【节目】监视器面板中的
  视频画面，设置各个选项的参数，如图 7-84
  所示。

图 7-85　查看视频

7.6　课堂练习：制作黑白电影效果

　　本例制作黑白电影放映效果。将彩色电影处理为具有黑白效果的电影，在制作过程
中，通过添加【提取】特效，将画面处理为黑白色。再添加【卷积内核】等特效，调整

画面的细节部分，完成黑白电影效果的制作，如图 7-86 所示。

图 7-86　黑白电影效果

具体操作步骤如下。

1 启动 Premiere Pro CS6，在【新建项目】面板中单击【浏览】按钮，选择文件的保存位置。在【名称】栏中输入"宝宝探险记"文本，单击【确定】按钮，即可创建新项目，如图 7-87 所示。

图 7-87　新建项目

2 在【项目】面板空白位置单击，打开【打开】对话框。将准备好的视频素材导入该面板中，如图 7-88 所示。

图 7-88　导入视频

3 单击【项目】面板底部的【新建分项】按钮，在弹出的菜单中执行【倒计时向导】命令。在弹出的【新建通用倒计时片头】对话框中，直接单击【确定】按钮，如图 7-89 所示。

图 7-89　新建倒计时片头

4 在弹出的【倒计时向导设置】对话框中，启用【音频】选项组中的【每秒开始时提示音】选项。单击【确定】按钮，完成倒计时创建，如图 7-90 所示。

5 将"倒计时向导"片头插入【时间轴】面板的"视频 1"轨道中后，将视频素材"倒霉熊.avi"插入其后，如图 7-91 所示。

6 选中【时间轴】面板中的第二个视频片段后，双击【效果】面板中的【视频特效】|【调整】|【提取】特效，视频画面直接转换为黑白效果，如图 7-92 所示。

图 7-91　插入视频

图 7-92　添加【提取】特效

7　结合【节目】监视器面板中的视频画面，在
【特效控制台】面板中展开【提取】特效，
启用【反相】选项后，设置其他的选项参数
值，如图 7-93 所示。

图 7-93　设置参数

8　完成选项设置后，在【节目】监视器面板中
单击【播放/停止切换】按钮 ▶，查看视
频效果，如图 7-94 所示。确认无误后，按
Ctrl+S 快捷键保存文件，完成视频制作。

图 7-94　查看视频

7.7　思考与练习

一、填空题

1．光是电磁波的一部分，可见光的波长大
致为 400～700＿＿＿＿＿＿，因此该范围又被称为
可视光线区域。

2．＿＿＿＿＿＿指色彩的相貌，是区别色彩
种类的名称，根据不同光线的波长进行划分。

3．＿＿＿＿＿＿视频特效能够通过调整素材
内的 R、G、B 颜色通道，达到更改色相、调整
画面色彩和校正颜色的目的。

4．阴影/高光视频特效能够基于_____或高光区域，使其局部相邻像素的亮度提高或降低，从而达到校正由强逆光而形成的剪影画面。

5．_____视频特效的功能是将用户指定颜色和相近色之外的彩色区域全部变为灰度图像。

二、选择题

1．_____色彩模式是工业界的一种颜色标准，其原理是通过对红（Red）、绿（Green）、蓝（Blue）这三种颜色通道的变化，以及它们相互之间的叠加来得到各式各样的颜色。

    A．RGB

    B．CMYK

    C．HLS

    D．HSB

2．在下列选项中，符合"其作用是通过调整画面的灰度级别，从而达到改善图像显示效果，优化图像质量的目的"描述信息的是_____。

    A．色彩匹配

    B．灰度系数校正

    C．RGB 曲线

    D．脱色

3．Premiere Pro CS6 中的照明效果视频特效共为用户准备了 3 种灯光类型，不包括的灯光是_____。

    A．全光源

    B．点光源

    C．平行光

    D．天光

4．在应用提取视频特效后，若要更改画面内的黑色像素数量，则应当更改_____。

    A．输入黑色阶

    B．输入白色阶

    C．柔和度

    D．反相

5．【亮度曲线】视频特效为用户提供的控制方式是_____。

    A．色阶调整图

    B．曲线调整图

    C．坐标调整图

    D．角度调整图

三、问答题

1．简单介绍 Premiere Pro CS6 中的几种颜色模式。

2．色彩传递视频特效的使用方法是什么？

3．什么特效能够改变画面中的明暗关系？分别有哪些？

4．颜色平衡与颜色平衡（HLS）特效有什么区别？

5．提取视频特效与脱色视频特效间的差别是什么？

四、上机练习

1．自动对比度视频特效的应用

调整视频画面对比度是校正视频时经常要做的工作之一。为此，Premiere Pro CS6 为用户准备了【自动对比度】视频特效这一工具，以减少用户在进行此类工作时的任务量。

为素材应用【自动对比度】视频特效后，Premiere Pro CS6 默认便会对素材画面进行一番对比度方面的调整，如图 7-95 所示。

图 7-95 自动对比度特效应用前后效果对比

如果用户对 Premiere Pro CS6 自动进行的对比度调整效果不满意，还可在【特效控制台】面板内展开【自动对比度】选项组后，手动调整其间的各个选项，以获得精确的调整效果，如图 7-96 所示。

图 7-96 自动对比度视频特效选项面板

2. 制作怀旧视频效果

影视剧中用来回忆的往事，其视频画面经常使用单色来实现怀旧视频效果。要想将彩色画面转换为单色画面效果，则需要为素材添加【染色】特效，并且设置【将黑色映射到】与【将白色映射到】颜色值，如图 7-97 所示。

 图 7-97 怀旧视频效果

然后添加【亮度曲线】特效，调整亮度曲线，加强画面对比度效果即可，如图 7-98 所示。

 图 7-98 加强对比度

这时，单击【节目】监视器面板中的【播放/停止切换】按钮 ▶ ，查看视频效果，即可发现视频中的画面呈现出一种褐色的怀旧色调，如图 7-99 所示。

 图 7-99 视频怀旧效果

第8章

创建字幕

　　字幕是影视作品中的重要组成部分，能够帮助观众更好地理解影片的含义。此外，在各式各样的广告中，精美的字幕不仅能够起到为影片增光添彩的作用，还能够快速、直接地向观众传达信息。

　　在本章中，我们除了会对 Premiere Pro CS6 字幕创建工具进行讲解外，还将对 Premiere Pro CS6 文本字幕和图形对象的创建方法，以及字幕样式、字幕模板的使用方法和字幕特效的编辑与制作过程进行介绍。

本章学习要点：

> 了解字幕工具
> 创建文本字幕
> 调整字幕属性
> 使用字幕模板

8.1 创建字幕

所谓字幕，是指在视频素材和图片素材之外，由用户自行创建的可视化元素，如文字、图形等。而作为影片中的一个重要组成部分，字幕即独立于视频、音频这些常规内容。为此，Premiere Pro CS6 为字幕准备了一个与音视频编辑区域完全隔离的字幕工作区，以便用户能够专注于字幕的创建工作。

8.1.1 认识字幕工作区

在 Premiere Pro CS6 中，所有字幕都是在字幕工作区域内创建完成的。在该工作区域中，不仅可以创建和编辑静态字幕，还可以制作出各种动态的字幕效果。要想打开字幕工作区，首先要执行【文件】|【新建】|【字幕】命令（快捷键 Ctrl+T），直接单击【新建字幕】对话框中的【确定】按钮，即可弹出字幕工作区，如图 8-1 所示。在默认工具下，在工作区中部显示素材画面的区域内单击鼠标，即可输入文字内容。

1. 字幕面板

该面板是创建、编辑字幕的主要工作场所，不仅可在该面板内直观地了解字幕应用于影片后的效果，还可直接对其进行修改。【字幕】面板共分为属性栏和编辑窗口两部分，其中编辑窗口是创建和编辑字幕的区域，而属性栏内则含有【字体】、【字体样式】等字幕对象的常见属性设置项，以便快速调整字幕对象，从而提高创建及修改字幕时的工作效率，如图 8-2 所示。

图 8-1　**Premiere Pro CS6 字幕工作区**

2.【字幕工具】面板

【字幕工具】面板内放置着制作和编辑字幕时所要用到的工具。利用这些工具，不仅可以在字幕内加入文本，还可绘制简单的几何图形，以下是各个工具的详细作用：

❑ **选择工具** 利用该工具，只需在【字幕】面板内单击文本或图形后，即可选择这些对象。此时，所选对象的周围将会出现多个角点，如图 8-3 所示。按住 Shift 键后，还可选择多个文本或图形对象。

❑ **旋转工具** 用于对文本进行旋转操作。

❑ **文字工具** 该工具用于输入水平方向上的文字。

❑ **垂直文字工具** 该工具用于在垂直方向上输入文字。

❑ **文本框工具** 可用于在水平方向上输入多行文字。

❑ **垂直文本框工具** 可在垂直方向上输入多行文字。

❑ **路径输入工具** 可沿弯曲的路径输入平行于路径的文本。

❑ **垂直路径输入工具** 可沿弯曲的路径输入垂直于路径的文本。

❑ **钢笔工具** 用于创建和调整路径，如图 8-4 所示。此外，还可通过调整路径的形状而影响由【路径输入工具】和【垂直路径输入工具】所创建的路径文字。

提 示

Premiere Pro CS6 字幕内的路径是一种即可反复调整的曲线对象，又具有填充颜色、线宽等文本或图形属性的特殊对象。

❑ **添加定位点工具** 可增加路径上的节点，常与【钢笔工具】结合使用。路径上的节点数量越多，用户对路径的控制也就越为灵活，路径所能够呈现出的形状也就越为复杂。

❑ **删除定位点工具** 可减少路径上的节点，也常与【钢笔工具】结合使用。当使用【删除定位点工具】将路径上

图 8-2 【字幕】面板的组成

图 8-3 选择字幕对象

图 8-4 路径与路径节点

的所有节点删除后，该路径对象也会随之消失。

❑ **转换定位点工具** 路径内每个节
点都包含两个控制柄，而【转换
定位点工具】的作用便是通过调
整节点上的控制柄，达到调整路
径形状的作用，如图 8-5 所示。

❑ **矩形工具** 用于绘制矩形图形，
配合 Shift 键使用时可绘制正
方形。

❑ **圆角矩形工具** 用于绘制圆角矩
形，配合 Shift 键使用后可绘制出
长宽相同的圆角矩形。

❑ **切角矩形工具** 用于绘制八边
形，配合 Shift 键后可绘制出正八
边形。

图 8-5 调整节点控制柄

❑ **圆矩形工具** 该工具用于绘制形
状类似于胶囊的图形，所绘图形与圆角矩形图形的差别在于：圆角矩形图形具有
4 条直线边，而圆矩形图形只有 2 条直线边。

❑ **三角形工具** 用于绘制不同样式的三角形。

❑ **圆弧工具** 用于绘制封闭的弧形对象。

❑ **椭圆工具** 该工具用于绘制椭圆形。

❑ **直线工具** 用于绘制直线。

3.【字幕动作】面板

该面板内的工具用于在【字幕】面板的编辑窗口对齐或排列所选对象。其中，各工
具的作用如表 8-1 所示。

表 8-1 对齐与分布工具按钮的作用

名 称		作 用
对齐	水平-左对齐	所选对象以最左侧对象的左边线为基准进行对齐
	水平-居中	所选对象以中间对象的水平中线为基准进行对齐
	水平-右对齐	所选对象以最右侧对象的右边线为基准进行对齐
	垂直-顶对齐	所选对象以最上方对象的顶边线为基准进行对齐
	垂直居中	所选对象以中间对象的垂直中线为基准进行对齐
	垂直-底对齐	所选对象以最下方对象的底边线为基准进行对齐
居中	水平居中	在垂直方向上，与视频画面的水平中心保持一致
	垂直居中	在水平方向上，与视频画面的垂直中心保持一致
分布	水平-左对齐	以左右两侧对象的左边线为界，使相邻对象左边线的间距保持一致
	水平居中	以左右两侧对象的垂直中心线为界，使相邻对象中心线的间距保持一致
	水平-右对齐	以左右两侧对象的右边线为界，使相邻对象右边线的间距保持一致
	水平平均	以左右两侧对象为界，使相邻对象的垂直间距保持一致

	名 称	作 用
分布	垂直-顶对齐	以上下两侧对象的顶边线为界，使相邻对象顶边线的间距保持一致
	垂直居中	以上下两侧对象的水平中心线为界，使相邻对象中心线的间距保持一致
	垂直-底对齐	以上下两侧对象的底边线为界，使相邻对象底边线的间距保持一致
	垂直平均	以上下两侧对象为界，使相邻对象的水平间距保持一致

注　意

至少应选择2个对象后，【对齐】选项组内的工具才会被激活，而【分布】选项组内的工具则至少要在选择3个对象后才会被激活。

4．【字幕样式】面板

该面板存放着 Premiere Pro CS6 内的各种预置字幕样式。利用这些字幕样式，用户只需创建字幕内容后，即可快速获得各种精美的字幕素材，如图 8-6 所示。其中，字幕样式可应用于所有字幕对象，包括文本与图形。

5．【字幕属性】面板

在 Premiere Pro CS6 中，所有与字幕内各对象属性相关的选项都被放置在【字幕属性】面板中。利用该面板内的各种选项，用户不仅可对字幕的位置、大小、颜色等基本属性进行调整，还可为其定制描边与阴影效果，如图 8-7 所示。

提　示

Premiere 内的各种字幕样式实质上是记录着不同属性的属性参数集，而应用字幕样式便是将这些属性参数集内的参数设置应用于当前所选对象。

图 8-6　快速创建精美的字幕素材

8.1.2　创建各种类型字幕

文本字幕分为多种类型，除基本的水平字幕和垂直文本字幕外，Premiere Pro CS6 能够创建路径文本字幕，以及动态字幕。

1．创建水平文本字幕

水平文本字幕是指沿水平方向进行分布的字幕类型。在字幕工作区中，使用【输入工

图 8-7　调整字幕属性

具】在【字幕】面板内的编辑窗口任意位置单击后，即可输入相应文字，从而创建水平文本字幕，如图 8-8 所示。在输入文本内容的过程中，按【回车】键可实行换行，则再次输入的文字内容会自动另起一行。

此外，使用【区域文字工具】在编辑窗口内绘制文本框，并输文字内容后，还可创建水平多行文本字幕，如图 8-9 所示。

在实际应用中，虽然使用【输入工具】时只须按下【回车】键即可获得多行文本效果，但仍旧与【区域文字工具】所创建的水平多行文本字幕有着本质的区别。例如，当使用【选择工具】拖动文本字幕的角点时，字幕文字将会随角点位置的变化而变形；但在使用相同方法调整多行文本字幕时，只是文本框的形状发生变化，从而使文本的位置发生变化，但文字本身却不会有什么改变，如图 8-10 所示。

图 8-8　创建水平文本字幕

图 8-9　创建水平多行文本字幕

2. 创建垂直文本字幕

垂直类文本字幕的创建方法与水平类文本字幕的创建方法极为类似。例如，使用【垂直文字工具】在编辑窗口内单击后，输入相应的文字内容即可创建垂直文本字幕。使用【垂直区域文字工具】在编辑窗口内绘制文本框后，输入相应文字即可创建垂直多行文本字幕，如图 8-11 所示。

图 8-10　不同水平文本字幕间的差别

图 8-11　创建垂直类文本字幕

> **提　示**
>
> 无论是普通的垂直文本字幕，还是垂直多行文本字幕，其阅读顺序都是从上至下、从右至左的顺序。

3. 创建路径文本字幕

与水平文本字幕和垂直文本字幕相比，路径文本字幕的特点是能够通过调整路径形状而改变字幕的整体形态，但必须依附于路径才能够存在。其创建方法如下。

使用【路径文字工具】 ![icon] 单击字幕编辑窗口内的任意位置后，创建路径的第一个节点。使用相同方法创建第二个节点，并通过调整节点上的控制柄来修改路径形状，如图 8-12 所示。

完成路径的绘制后，使用相同的工具在路径中单击，直接输入文本内容，即可完成路径文本的创建，如图 8-13 所示。

运用相同方法，使用【垂直路径文字工具】![icon]，则可创建出沿路径垂直方向的文本字幕，如图 8-14 所示。

图 8-12 绘制路径

4. 创建动态字幕

根据素材类型的不同，可以将 Premiere Pro CS6 内的字幕素材分为静态字幕和动态字幕两大类型。在此之前所创建的都属于静态字幕，即本身不会运动的字幕。相比之下，动态字幕则是字幕本身即可运动的字幕类型。

❑ 创建游动字幕

游动字幕是指在屏幕上进行水平运动的动态字幕类型，分为从左至右游动和从右至左游动两种方式。其中，从右至左游动是游动字幕的默认设置，电视节目制作时多用于飞播信息，在 Premiere Pro CS6 中，游动字幕的创建方法如下。

在 Premiere Pro CS6 主界面中，执行【字幕】|【新建字幕】|【默认游动字幕】命令后，在弹出的对话框内设置字幕素材的各项属性，如图 8-15 所示。

接下来，即可按照创建静态字幕的方法，在打开的字幕工作区内创建游动字幕。完成后，选择字幕文本，并执行【字幕】|【滚动/游动选项】命令后，在弹出的对话框内勾选【开始于屏幕外】和【结束于屏幕外】复选框，如图 8-16 所示。在【滚动/游动选项】对话框中，各选项的含义及其作用如表 8-2 所示。

图 8-13 创建路径文本

图 8-14 创建垂直路径文字

图 8-15 设置游动字幕属性

表 8-2 【滚动/游动选项】对话框内各选项的作用

选项组	选项名称	作 用
字幕类型	静态	将字幕设置为静态字幕
	滚动	将字幕设置为滚动字幕
	左游动	设置字幕从右向左运动
	右游动	设置字幕从左向右运动
时间（帧）	开始于屏幕外	将字幕运动的起始位置设于屏幕外侧
	结束于屏幕外	将字幕运动的结束位置设于屏幕外侧
	预卷	字幕在运动之前保持静止的帧数
	缓入	字幕在到达正常播放速度之前，逐渐加速的帧数
	缓出	字幕在即将结束之时，逐渐减速的帧数
	后卷	字幕在运动之后保持静止的帧数

单击对话框内的【确定】按钮后，即可完成游动字幕的创建工作。此时，便可将其添加至【时间轴】面板内，并预览其效果，如图 8-17 所示。

❏ 创建滚动字幕

滚动字幕的效果是从屏幕下方逐渐向上运动，在影视节目制作中多用于节目末尾演职员表的制作。在 Premiere Pro CS6 中，执行【字幕】|【新建字幕】|【默认滚动字幕】命令，并在弹出的对话框内设置字幕素材的属性后，即可参照静态字幕的创建方法，在字幕工作区内创建滚动字幕。然后执行【字幕】|【滚动/游动选项】命令，设置其选项即可，其播放效果如图 8-18 所示。

图 8-16 调整字幕游动设置

图 8-17 游动字幕效果

图 8-18 滚动字幕效果

8.2 应用图形字幕对象

在 Premiere Pro CS6 中，图形字幕对象主要通过【矩形工具】、【圆角矩形工具】

■、【切角矩形工具】■等绘图工具绘制而成。下文介绍创建图形对象，以及对图形对象进行变形和风格化处理时的操作方法。

8.2.1 绘制图形

任何使用 Premier Pro CS6 绘图工具可直接绘制出来的图形，都称为基本图形。而且，所有 Premiere Pro CS6 基本图形的创建方法都相同，只需选择某一绘制工具后，在字幕编辑窗口内单击并拖动鼠标，即可创建相应的图形字幕对象，如图 8-19 所示。

提 示

> 默认情况下，Premiere Pro CS6 会将之前刚刚创建字幕对象的属性应用于新创建字幕对象本身。

图 8-19　绘制基本图形

在选择绘制的图形字幕对象后，还可在【字幕属性】面板内的【属性】选项组中，通过调整【绘图类型】下拉列表内的选项，将一种基本图形转化为其他基本图形，如图 8-20 所示。

图 8-20　转换基本图形

8.2.2 贝塞尔曲线工具

在创建字幕的过程中，仅仅依靠 Premiere Pro CS6 所提供的绘图工具往往无法满足图形绘制的需求。此时，用户可通过变形图形对象，并配合使用【钢笔工具】、【转换定位点工具】等工具，实现创建复杂图形字幕对象的目的。

利用 Premiere Pro CS6 提供的【钢笔】类工具，能够通过绘制各种形状的贝赛尔曲线来完成复杂图形的创建工作。首先执行【文件】|

图 8-21　创建彩色蒙版

【新建】|【颜色遮罩】命令，单击弹出的【新建彩色蒙版】对话框中的【确定】按钮，在弹出的【颜色拾取】对话框中选择颜色。最后在弹出的【选择名称】对话框中设置名称，即可将创建的彩色蒙版素材导入【时间轴】面板内的轨迹中，如图 8-21 所示。

提 示

> 创建并在【时间轴】面板内添加彩色蒙板素材并不是绘制复杂图形字幕的必要前提，但完成上述操作可以使【字幕】面板拥有一个单色的绘制区域，从而便于用户的图形绘制操作。

接着创建字幕，在【字幕工具】面板内选择【钢笔工具】■按钮后，在【字幕】面板的绘制区内创建第一个路径节点，如图 8-22 所示。在创建节点时，单击鼠标并拖动，可以调出该节点的两个节点控制柄，从而便于随后对路径的调整操作。

使用相同方法，连续创建多个带有节点控制柄的路径节点，并使其形成字幕图形的基本外轮廓，如图 8-23 所示。

在【字幕工具】面板内选择【转换定位点工具】■后，调整各个路径节点的节点控制柄，从而改变字幕对象外轮廓的形状，如图 8-24 所示。

提 示

在这一过程中，还可以使用【添加定位点工具】■单击当前路径后，在当前路径上添加一个新的节点。或者使用【删除定位点工具】■单击当前路径上的路径节点后，即可以删除这些节点。

8.2.3 创建标记

绘图并不是 Premiere Pro CS6 的主要功能，因此仅仅依靠 Premiere Pro CS6 数量有限的绘图工具往往无法满足创建精美字幕的需求。为此，Premiere Pro CS6 提供了导入标记元素的功能，以便用户将图形或照片导入字幕工作区内，并将其作为字幕的创作元素进行使用。

要想导入标记元素，首先要创建字幕。然后右击【字幕】面板内的字幕编辑窗口区域后，执行【标记】|【插入标记】命令。在弹出的【导入图像为标记】对话框中，选择所要添加的照片或图形文件，并单击【打开】按钮，即可将所选素材文件作为标记元素导入到字幕工作区内，如图 8-25 所示。

图 8-22　创建路径节点

图 8-23　绘制路径

图 8-24　调整路径节点

图 8-25　导入标记素材

最后，添加字幕文本，并设置其属性后，即可得到之前我们所看到的字幕素材。图形在作为标记导入 Premiere Pro CS6 后会遮盖其下方的内容，因此当需要导入非矩形形状的标记时，必须将图形文件内非标记部分设置为透明背景，以便正常显示这些区域下的视频画面。

8.3　编辑字幕属性

字幕的创建离不开字幕属性的设置，只有对【变换】、【填充】、【描边】等选项组内的各个参数进行精心调整后，才能够获得各种精美的字幕。

图 8-26　字幕透明度对比效果

● 8.3.1　调整字幕基本属性

在【字幕属性】面板的【变换】选项组中，用户可以对字幕在屏幕画面中的位置、尺寸大小与角度等属性进行调整。其中，各参数选项的作用如下。

- ❏ **透明度**　决定字幕对象的透明程度，为 0 时完全透明，100%时不透明，如图 8-26 所示。

- ❏ **X/Y 位置**　【X 位置】选项用于控制对象中心距画面原点的水平距离，而【Y 位置】选项至用于控制对象中心距画面原点的垂直距离，如图 8-27 所示。

图 8-27　对象位置

- ❏ **宽度/高度**　【宽度】选项用调整对象最左侧至最右侧的距离，而【高度】选项则用调整对象最顶部至最底部的距离，如图 8-28 所示。

图 8-28　设置宽度与高度参数

□ **旋转**　控制对象的旋转对象，默认为 0°，即不旋转。输入数值，或者单击下方的角度圆盘，即可改变文本显示角度，如图 8-29 所示。

图 8-29　旋转文本

8.3.2　设置文本对象

在【字幕属性】面板中，【属性】选项组内的选项主要用于调整字幕文本的字体类型、大小、颜色等基本属性。

【字体】选项用于设置字体的类型，即可直接在【字体】列表框内输入字体名称，也可在单击该选项的下拉按钮后，在弹出的【字体】下拉列表内选择合适的字体类型，如图 8-30 所示。

根据字体类型的不同，某些字体拥有多种不同的形态效果，而【字体样式】选项便用于指定当前所要显示的字体形态。各样式选项的含义及作用如表 8-3 所示。

图 8-30　选择字体类型

表 8-3　各样式选项的含义与作用

选项名称	含义	作用
Regular	常用	即标准字体样式
Bold	粗体	字体笔画要粗于标准样式
Italic	斜体	字体略微向右侧倾斜
Bold Italic	粗斜体	字体笔画较标准样式要粗，且略微向右侧倾斜
Narrow	瘦体	字体宽高比小于标准字体样式，整体效果略"窄"

注　意

并不是所有的字体都拥有多种样式，大多数字体仅拥有 Regular 样式。

图 8-31　不同纵横比对比的效果

【字体大小】选项用于控制文本的尺寸，其取值越大，则字体的尺寸越大；反之，则越小。而【纵横比】选项则是通过改变字体宽度来改变字体的宽高比，其取值大于 100% 时，字体将变宽；当取值小于 100% 时，字体将变窄，效果如图 8-31 所示。

【行距】选项用于控制文本内行与行之间的距离，而【字距】则用于调整字与字之间的距离，如图 8-32 所示。

【字距调整】选项也可用于调整字幕内字与字之间的距离，其调整效果与【字距】选项的调整效果类似。两者之间的不同之处在于，【字距】选项所调整的仅仅是字与字之间的距离，而【字距调整】选项调整的则是每个文字所拥有的位置宽度，如图 8-33 所示。

从图中可以看出，随着【字距调整】选项参数值的增大，字幕的右边界逐渐远离最右侧文字的右边界，而调整【字距】选项却不会出现上述情况。

❑ **基线位移** 该选项用于设置文字基线的位置，通常在配合【字体大小】选项后用于创建上标文字或下标文字。

❑ **倾斜** 该选项用于调整字体的倾斜程度，其取值越大，字体所倾斜的角度也就越大。

❑ **小型大写字母和小型大写字母尺寸** 勾选【小型大写字母】复选框后，当前所选择的小写英文字母将被转化为大写英文字母，而【小型大写字母尺寸】选项则用于调整转化后大写英文字母的字体大小。

图 8-32　行距与字距

提　示

> 【小型大写字母】选项只对小写英文字母有效，且只有在勾选【小型大写字母】复选框后，【小型大写字母尺寸】选项才会起作用。

❑ **下划线** 勾选该复选框后，Premiere Pro CS6 便会在当前字幕或当前所选字幕文本的下方添加一条直线。

❑ **扭曲** 在该选项中，分别通过调整 X 和 Y 选项的参数值，便可起到让文字变形的效果。其中，当 X 项的取值小于 0 时，文字顶部宽度减小的程度会大于底部宽度减小的程度，此时文字会呈现出一种金字塔般的形状；当 X 项的取值大于 0 时，文字则会呈现出一种顶大底小的倒金字塔形状，如图 8-34 所示。

图 8-33　字距与字距调整对比效果

图 8-34　X 项扭曲效果

提　示

> 当 Y 项的取值小于 0 时，文字将呈现一种左小右大的效果；而当 Y 项的取值大于 0 时，文字则会呈现出一种左大右小的效果。

8.3.3　为字幕设置填充效果

完成字幕素材的内容创建工作后，通过在【字幕属性】面板内勾选【填充】复选框，并对该选项内的各项参数进行调整，即可对字幕的填充颜色进行控制，如图 8-35 所示。如果不希望填充效

图 8-35　勾选【填充】选项

果应用于字幕，则可在禁用【填充】复选框后，关闭填充效果，从而使字幕的相应部分变成透明状态。

在开启字幕的填充效果后，Premiere Pro CS6 共为用户提供了实色填充、渐变填充、四色填充等多种不同的填充样式。通过选择不同的填充方式，即可得到不同显示效果的文本。

1. 实色填充

实色填充又称单色填充，即字体内仅填充有一种颜色，如图 8-36 所示即为关闭其他字幕效果后的实色填充字幕效果。如果单击【色彩】色块，即可在弹出对话框内选择字幕的填充色彩。

2. 线性渐变填充

在将【填充类型】设置为【线性渐变】选项后，【填充】选项组中的控制选项将会出现一些变化。在新的控制选项中，各个选项的作用及含义如下。

图 8-36　实色填充字幕效果

- ❏ **色彩**　该选项通过一条含有两个游标的色度滑杆来进行调整，色度滑杆的颜色便是字幕填充的颜色。在色度滑杆上，游标的作用是确定线性渐变色彩在字幕上的位置分布情况。
- ❏ **色彩到色彩**　该选项的作用是调整线性渐变填充的颜色。在【色彩】色度滑杆上选择某一游标后，单击【色彩到色彩】色块，即可在弹出的对话框内设置线性渐变中的一种填充色彩。

图 8-37　线性渐变

选择另一游标后，使用相同方法，即可设置线性渐变中的另一种填充色彩。
- ❏ **色彩到透明**　用于设置当前游标所代表填充色彩的透明度，100%为完全不透明，0%为完全透明。
- ❏ **角度**　用于设置线性渐变填充中的色彩渐变方向。
- ❏ **重复**　用于控制线性渐变在字幕上的重复排列次数，其默认取值为 0，表示仅在字幕上进行 1 次线性色彩渐变；在将其取值调整为 1 后，Premiere Pro CS6 将会在字幕上填充 2 次线性色彩渐变。如果【重复】选项的取值为 2，则进行 3 次线性渐变填充，其他取值效果可依次类推，效果如图 8-38 所示。

3. 放射渐变填充

放射渐变填充也是从一种颜色逐渐过渡至另一颜色的填充样式。与线性渐变所不同的是，放射渐变填充会将某一点作为中心点，向四周扩散另一种颜色，其效果如图 8-39 所示。

提示

放射渐变填充的选项及选项含义与线性渐变填充样式的选项完全相同，因此其设置方法在此不再赘述。但是，由于放射渐变是从中心向四周均匀过渡的渐变效果，因而在此处调整【角度】选项不会影响放射渐变的填充效果。

4. 四色渐变填充

与线性渐变填充和放射渐变填充效果相比，四色渐变填充效果的最大特点在于渐变色彩由 2 种颜色增加到了 4 种，以便于实现更为复杂的色彩渐变效果，其填充效果如图 8-40 所示。

在四色渐变填充模式中，【色彩】颜色条4 角的色块分别用于控制填充目标对应位置处的颜色，整体填充效果则由这 4 种颜色共同决定。

5. 斜角边填充

在该填充模式中，Premier Pro CS6 通过为字幕对象设置色彩阴影的方式，模拟一种中间较高，边缘逐渐降低的三维浮雕效果，如图8-41 所示。

将【填充类型】设置为【斜角边】选项后，【填充】选项组内的各填充选项作用如下。

❑ **高亮颜色/高亮透明**　【高亮颜色】选项用于设置字幕文本的主体颜色，即字幕内"较高"部分的颜色；【高亮透明】选项则用于调整字幕主体颜色的透明程度，如图 8-42 所示。

图 8-38　重复线性渐变效果

图 8-39　放射渐变填充效果

图 8-40　四色渐变效果

图 8-41 斜角边填充参数设置　　　　**图 8-42** 斜角边填充模式内的颜色分布情况

❏ **阴影颜色/阴影透明**　【阴影颜色】选项用
于设置字幕文本边缘处的颜色，即字幕内
"较低"部分的颜色；【阴影透明】选项则
用于调整字幕边缘颜色的透明程度。

❏ **平衡**　该选项用于控制字幕内"较高"部
分与"较低"部分间的落差，效果表现为
高亮颜色与阴影颜色之间在过渡时的柔和
程度，其取值范围为–100~100。在实际应
用中，【平衡】选项的取值越大，高亮颜色
与阴影颜色的过渡越柔和，反之则较锐利，
如图 8-43 所示。

图 8-43 【平衡】选项调整效果

❏ **大小**　该选项用于控制高亮颜色与阴影颜
色的过渡范围，其取值越大，过渡范围越
大；取值越小，则过渡范围越小，如图 8-44
所示。

提　示

【大小】选项的取值范围为 0~200，其取值为 0 时将不显
示阴影颜色，此时的效果与实色填充效果相同。当【大
小】选项的取值为 200 时，其效果与使用阴影颜色进行实
色填充相类似。

图 8-44 【大小】选项调整效果

❏ **变亮**　当勾选该复选框后，Premiere Pro
CS6 将会为当前字幕应用灯光效果，此时
字幕文本的浮雕效果会更为明显，如图 8-45 所示。

❏ **亮度角度/亮度级别**　这是两个参数用于控制灯光效果，因此只有在勾选【变亮】

复选框后才会影响字幕效果。其中，
【亮度角度】用于调整灯光相对于字
幕的照射角度，而【亮度级别】则用
于控制灯光的光照强度。

□ 管状　在勾选该复选框后，字幕文本
　　将呈现出一种由圆管环绕后的效果，
　　如图8-46所示。

6．消除与残像填充

　　这两种填充模式都能够达到隐藏字幕的
效果。两者的区别在于，消除填充模式能够暂
时性地"删除"字幕文本，包括其阴影效果；
而残像填充模式则只隐藏字幕本身，却不会影
响其阴影效果。

图8-45　勾选【变亮】复选框后的效果

图8-46　管状填充效果

　　在为字幕添加描边与阴影效果后，通过对
比斜角边模式、消除模式和残像模式的填充效果，更为直观地了解消除模式与残像模式
在填充效果上的差别，如图8-47所示。

7．光泽与纹理

　　【光泽】与【纹理】选项属于字幕填充效果内的通用选项，即每种填充效果都拥有这
两种设置，而且其作用也都相同。其中，光泽效果的功能是在字幕上叠加一层逐渐向两
侧淡化的光泽颜色层，从而模拟物体表面的光泽感，效果如图8-48所示。【光泽】选项
组内各个选项参数的作用见表8-4。

图 8-47　斜面、消除与残像填充效果的对比　　图 8-48　应用光泽效果后的字幕

表 8-4　【光泽】选项组各选项的作用

选项	作　用
色彩	用于设置光泽颜色层的色彩，可实现模拟有色灯光照射字幕的效果
透明度	用于设置光泽颜色层的透明程度，可起到控制光泽强弱的作用
大小	用于控制光泽颜色层的宽度，其取值越大，光泽颜色层所覆盖字幕的范围越大；反之，则越小
角度	用于控制光泽颜色层的旋转角度
偏移	用于调整光泽颜色层的基线位置，与【角度】选项配合使用后即可使光泽效果出现在字幕上的任意位置

　　相比之下，纹理填充效果较为复杂，其作用是隐藏字幕本身的填充效果，而显示其他纹理贴图的内容。在勾选【纹理】复选框后，其效果如图8-49 所示。

　　在【纹理】选项组中，常用选项的作用及其使用方法如下。

　　❏ 纹理

　　该选项用于预览和设置填充在字幕内的纹理图片，单击纹理预览区域内的图标后，即可在弹出对话框内选择其他的纹理图像。

图 8-49　勾选【纹理】选项

　　❏ 缩放比例

　　该选项组内的各个参数用于调整纹理图像的长宽比例与大小。其中，【水平】和【垂直】选项用于控制纹理图像在应用于字幕时的宽度和高度。

【缩放比例】选项对纹理图像进行的是有损图像质量的变形操作，因此当纹理图像过小时，一味地调整纹理图像的缩放比例，会极大地影响字幕的显示效果。

　　【平铺 X】和【平铺 Y】选项的作用是控制纹理在水平方向和垂直方向上的填充方式。例如，在勾选【平铺 X】复选框后，Premiere Pro CS6 便会在纹理图像的宽度小于字幕文本的宽度时，在水平方向上平铺当前纹理图像，从而使字幕文本在水平方向上都贴有纹理图像，如图 8-50 所示。

❑　校准

　　该选项组内的各个参数用于调整纹理图像在字幕中的位置。例如，在将【X 偏移】选项的参数值从 0 调整为 20 后，即可在字幕文本内将纹理图像向右移动 20 个单位。

❑　混合

　　在默认情况下，Premier Pro CS6 在字幕开启纹理填充功能后，忽略字幕本身的填充效果。不过，【融合】选项组内的各个参数则能够在显示纹理效果的同时，使字幕显现出原本的填充效果。

　　其中，【混合】选项适用于调整纹理填充效果和字幕原有填充效果的比例，其取值范围为 –100%~100%。当取值小于 0 时字幕的填充效果将以原有填充效果为主，且取值越小，字幕原有的填充效果越明显；当取值大于 0 时，字幕的填充效果将以纹理填充为主，且取值越大，纹理填充效果越明显，如图 8-51 所示。

图 8-50　【平铺 X】选项开启与关闭效果对比

图 8-51　纹理填充与原有字幕填充的融合效果

当【混合】选项的取值为 –100% 时，纹理填充效果将完全不可见，而当该选项的取值为 100% 时，字幕原有的填充效果将完全不可见。

8.3.4　对字幕进行描边

　　Premiere Pro CS6 将描边分为内侧描边和外侧描边两种类型，内侧描边的效果是从字幕边缘向内进行扩展，因此会覆盖字幕原有的填充效果；外侧描边的效果是从字幕文本的边缘向外进行扩展，因此会增大字幕所占据的屏幕范围，如图 8-52 所示。

图 8-52　内侧描边和外侧描边

不过，无论是内侧描边还是外侧描边，其添加和修改方法，以及控制参数都完全相同。以添加外侧描边为例，介绍描边效果的添加与编辑方法。

展开【描边】选项组后，单击【外侧边】选项右侧的【添加】按钮，即可为当前所选字幕对象添加默认的黑色描边效果，如图 8-53 所示。

在【类型】下拉列表中，Premier Pro CS6 根据描边方式的不同提供了【边缘】、【凸出】和【凹进】3 种不同选项。下面，将对其描边效果和调整方法分别进行介绍。

图 8-53　添加描边效果

1. 凸出描边

这是 Premiere Pro CS6 默认采用的描边方式，之前所看到的各种描边效果即为凸出描边效果。对于边缘描边效果来说，其描边宽度可通过【大小】选项进行控制，该选项的取值越大，描边的宽度也就越大，【色彩】选项则用于调整描边的色彩。

> **提　示**
>
> 至于【填充类型】、【透明度】和【纹理】等选项，其作用和控制方法与【填充】选项组内的相应选项完全相同，这里不再赘述。

图 8-54　深度描边效果

2. 深度描边

当采用该方式进行描边时，Premiere Pro CS6 中的描边只能出现在字幕的一侧。而且，描边的一侧与字幕相连，且描边宽度受到【大小】选项的控制，如图 8-54 所示。

> **注　意**
>
> 当为字幕应用深度描边模式时，除【角度】选项用于控制深度描边的出现位置外，其他选项的作用及调整方式与【填充】选项组内的相应选项相同。

3. 凹进描边

这是一种描边位于字幕对象下方，效果类似于投影效果的描边方式，如图 8-55 所示。

图 8-55　凹进描边效果

在默认情况下，为字幕添加凹进描边时无任何效果。在调整【级别】选项后，凹进描边便会显现出来，并随着【级别】选项参数值的增大而逐渐"远离"字幕文本。至于【角度】选项，则用于控制凹进描边相对于字幕文本的偏离方向。

8.3.5　为字幕应用阴影效果

与填充效果相同的是，阴影效果也属于可选效果，用户只有在勾选【阴影】复选框后，Premiere Pro CS6才会为字幕添加投影。在【阴影】选项组中，各选项的含义及其作用如下。

- ❑ **色彩**　该选项用于控制阴影的颜色，用户可根据字幕颜色、视频画面的颜色，以及整个影片的色彩基调等多方面进行考虑，从最终决定字幕阴影的色彩。
- ❑ **透明度**　控制投影的透明程度。在实际应用中，应适当降低该选项的取值，使阴影呈适当的透明状态，从而获得接近于真实情形的阴影效果。
- ❑ **角度**　该选项用于控制字幕阴影的投射位置。
- ❑ **距离**　用于确定阴影与主体间的距离，其取值越大，两者间的距离越远；反之，则越近。
- ❑ **大小**　默认情况下，字幕阴影与字幕主体的大小相同，而该选项的作用便是在原有字幕阴影的基础上，增大阴影的大小。
- ❑ **扩散**　该选项用于控制阴影边缘的发散效果，其取值越小，阴影就越为锐利；取值越大，阴影就越为模糊，如图8-56所示。

图 8-56　扩散效果

8.4　字幕样式

字幕样式即Premiere Pro CS6预置的字幕属性设置方案，作用是帮助用户快速设置字幕属性，从而获得效果精美的字幕素材。在【字幕】面板中，不仅能够应用预设的样式效果，还可以自定义文字样式。

8.4.1　载入并应用样式

在Premiere Pro CS6中，字幕样式的应用方法极其简单，只需在输入相应的字幕文本内容后，在【字幕样式】面板内单击某个字幕样式的图标，即可将其应用于当前字幕，如图8-57所示。

> **提　示**
>
> 在为字幕添加字幕样式后，还可在【字幕属性】面板内设置字幕文本的各项属性，从而在字幕样式的基础上获取新的字幕效果。

如果需要有选择性地应用字幕样式所记录的字幕属性，则可在【字幕样式】面板内右击字幕样式预览图后，执行【应用样式和字体大小】或【仅应用样式色彩及效果特性】命令，如图 8-58 所示。

○ 图 8-57　应用字幕样式

8.4.2　创建字幕样式

为了进一步提高用户创建字幕时的工作效率，Premiere Pro CS6 还为用户提供了自定义字幕样式的功能。这样一来，便可将常用的字幕属性配置方案保存起来，以便于随后设置相同属性或相近属性的设置。

新建字幕素材后，使用【文字工具】在字幕编辑窗口内输入字幕文本。然后在【字幕属性】面板内调整字幕的字体、字号、颜色，以及填充效果、描边效果和阴影，如图 8-59 所示。

完成后，在【字幕样式】面板内单击【面板菜单】按钮，并执行【新建样式】命令。在弹出的【新建样式】对话框中，输入字幕样式名称后，单击【确定】按钮，Premier Pro CS6 便会以该名称保存字幕样式。此时，即可在【字幕面板】内查看到所创建字幕样式的预览图，如图 8-60 所示。

○ 图 8-58　有选择性地应用字幕样式

○ 图 8-59　输入并设置文字属性

○ 图 8-60　保存自定义字幕样式

8.5 课堂练习：制作 MTV

本实例制作的是 MTV 效果，其效果主要由不同图像与游动字幕组合而成，如图 8-61 所示。在制作过程中，不同图像之间的组合由视频转场进行衔接，并搭配了预设动画使其完整。而歌曲名称由静态字母与预设动画组合创建，歌词则由游动字母进行显示。

图 8-61　MTV 效果

具体操作步骤如下。

1　启动 Premiere Pro CS6，在【新建项目】对话框中单击【浏览】按钮，选择文件的保存位置。在【名称】栏中输入"英文字母歌"文本，单击【确定】按钮，即可创建新项目，如图 8-62 所示。

图 8-62　创建项目

2　在【项目】面板中右击，执行【导入】命令，在弹出的【导入】对话框中选择素材文件，导入到【项目】面板中，如图 8-63 所示。

图 8-63　导入素材文件

3　继续在【项目】面板中右击，执行【导入】命令，在弹出的【导入】对话框中选择文件夹"英文字母"，单击【导入文件夹】按钮后，在弹出的【导入分层文件】对话框中单击【确定】按钮，导入到【项目】面板中，如图 8-64 所示。

图 8-64 导入文件夹

4 选中【项目】面板中的音频素材"英文字母歌.mp3",将其插入【时间轴】面板的"音频 1"轨道中。然后将素材"背景.jpg"插入"视频 1"轨道中,单击并向右拖动使其播放长度与音频相等,如图 8-65 所示。

图 8-65 插入音频与图像素材

5 单击【节目】监视器面板中的【播放/停止切换】按钮 ▶,试听歌曲。在歌唱之前再次单击该按钮停止,这时将【项目】面板中"英文字母"文件夹中的 ABCD.psd 素材插入"视频 2"轨道中,如图 8-66 所示。

提 示

当单击【节目】监视器面板中的【播放/停止切换】按钮 ▶ 停止播放后,【时间轴】面板中的【当前时间指示器】同时停止在相同时间位置上。这时将素材插入【当前时间指示器】所在位置即可。

图 8-66 插入素材

6 配合【节目】监视器面板播放音频,在第二句歌词开始的位置缩短 ABCD.psd 素材的显示长度,并插入 EFG.psd 素材。按照上述方法,根据歌词依次在"视频 2"轨道中插入字母图像,如图 8-67 所示。

图 8-67 依次插入素材

7 单击选中"视频 2"轨道中的素材 ABCD.psd,在【特效控制台】面板中设置【运动】选项组中【缩放】选项为 20%,并移动其位置于 238.5,179.2,如图 8-68 所示。

图 8-68 设置图像位置与尺寸

8 按照上述方法，依次将"视频 2"轨道中的所有图像素材进行位置与尺寸设置。其中移动位置时，可以单击【运动】选项组，在【节目】监视器面板中通过鼠标进行移动大致位置，如图 8-69 所示。

图 8-69 移动图像位置

9 单击【效果】面板中的【预设】|【马赛克】|【马赛克入】特效，将其拖至【时间轴】面板"视频 2"轨道中的素材 ABCD.psd 上，为其添加入画动画，如图 8-70 所示。

图 8-70 添加【马赛克入】预设特效

10 单击【效果】面板中的【视频切换】|【三维运动】|【旋转离开】特效，将其拖至素材 ABCD.psd 与 EFG.psd 之间，为其添加该转场特效，如图 8-71 所示。

图 8-71 添加【旋转离开】转场特效

11 按照上述方法，依次在两个素材之间添加不同的视频转场特效：【伸展覆盖】特效、【页面剥落】特效、【随机反相】特效、【带状擦除】特效、【斜线滑动】特效与【交叉缩放】特效，如图 8-72 所示。

图 8-72 添加不同的转场特效

12 单击【效果】面板中的【预设】|【旋转扭曲】|【旋转扭曲出】特效，将其拖至素材 XYZ.psd 上。然后将【旋转扭曲入】特效拖至 ABC.psd 上，完成视频特效的添加，如图 8-73 所示。

图 8-73 添加预设特效

13 单击【项目】面板底部的【新建分项】按钮
　　，执行弹出菜单中的【字幕】命令，在
　　【新建字幕】对话框中设置【名称】为"歌
　　名"，单击【确定】按钮进入字幕工作区，
　　如图 8-74 所示。

图 8-74　创建"歌名"字幕

14 选择【字幕工具】面板中的【输入工具】T，
　　在编辑窗口中单击并输入文本"英文字母
　　歌"，如图 8-75 所示。

图 8-75　输入文本

15 使用【选择工具】选中输入的文本并确
　　定其显示位置后，单击【字幕样式】面板中
　　的 Charlemagne Grass 52，为选中的文本
　　添加样式，如图 8-76 所示。

16 关闭字幕工作区后，执行【字幕】||【新建字
　　幕】||【默认游动字母】命令，在打开的"歌
　　词"字幕工作区中，使用【输入工具】T输
　　入歌词，如图 8-77 所示。

图 8-76　添加字母样式

图 8-77　新建游动字幕

17 使用【选择工具】选中输入的文本并确
　　定其显示位置后，单击【字幕样式】面板中
　　的 Myriad Italic Water 55，为选中的文本添
　　加样式，如图 8-78 所示。

图 8-78　添加字幕样式

18 执行【字幕】|【滚动/游动选项】命令，在弹出的【滚动/游动选项】对话框中勾选【开始于屏幕外】复选框，单击【确定】按钮，如图 8-79 所示。

所示。

图 8-81 添加预设动画

图 8-79 设置游动字幕选项

19 关闭字幕工作区后，将【项目】面板中的字幕"歌名"插入【时间轴】面板的"视频 3"轨道中，设置其播放长度为歌曲的过门音乐，如图 8-80 所示。

图 8-82 插入字幕"歌词"

22 完成操作后，单击【节目】监视器面板中的【播放/停止切换】按钮 ▶，查看视频效果，如图 8-83 所示。确认无误后，按快捷键 Ctrl+S 进行保存，完成 MTV 的制作。

图 8-80 插入字幕"歌名"

20 依次单击【效果】面板中的【预设】|【模糊】|【快速模糊入】特效，与【预设】|【曝光过度】|【曝光出】特效，将其拖至【时间轴】面板中的字幕"歌名"上，为其添加预设特效，如图 8-81 所示。

21 将【项目】面板中的字幕"歌词"插入"视频 3"轨道中，并且放置在字幕"歌名"右侧。将其长度拉长至音频长度，如图 8-82

图 8-83 播放视频

8.6 课堂练习：制作光芒字幕效果

在制作视频广告或影视节目片头时，动态的、光彩夺目的文字内容较普通文字更加能够吸引观众的注意力。为此，下面我们将介绍利用 Premiere Pro CS6 内置滤镜来制作泛光光芒字的制作方法。

图 8-84　光芒字幕效果

操作步骤:

1 创建"光芒字"Premiere Pro CS6 项目,并使用 DV-PAL 文件夹中的【宽银幕 48kHz】作为预置方案创建序列,如图 8-85 所示。

图 8-85　创建序列

2 进入 Premiere Pro CS6 主界面后,双击【项目】面板的空白区域,打开【导入】对话框。将准备好的素材"背景.jpg"导入该项目中,如图 8-86 所示。

图 8-86　导入素材

3 将素材插入【时间轴】面板的"视频 1"轨道后,选中该素材,在【特效控制台】面板中设置【运动】选项组中【缩放】选项为57.0,使图像尽可能地显示在监视器中,如图 8-87 所示。

图 8-87　插入并设置素材尺寸

4 在【项目】面板内单击【新建分项】按钮后,执行【字幕】命令。然后,将弹出对话框内的【名称】选项设置为"凤鸣麟出",如图8-88 所示。

图 8-88　创建字幕素材

5 在【字幕】面板中，使用【文字工具】T创建字幕文本后，在【字幕属性】面板中分别设置【字体】与【字距】选项，如图 8-89 所示。

图 8-89　输入并设置文字

6 使用【选择工具】选中文本后，右击【字幕样式】面板中的 HoboStd Slant Gold 80 样式，执行【仅应用样式颜色】命令，为字幕应用样式，如图 8-90 所示。

图 8-90　应用样式

7 返回 Premiere Pro CS6 主界面后，将"龙之战争"字幕素材添加至"视频 2"轨道内，并为该素材添加【视频特效】|【风格化】|【Alpha 辉光】视频特效，如图 8-91 所示。

8 在影片起始位置处，分别单击【Alpha 辉光】选项组内的【发光】和【起始颜色】选项的【切换动画】图标，创建关键帧，并分别设置这两个选项的参数值，如图 8-92 所示。

图 8-91　添加【Alpha 辉光】视频特效

图 8-92　创建关键帧

9 依次在影片的中间和末尾部分单击【添加/移除关键帧】按钮，创建【发光】和【起始颜色】选项的关键帧后，修改中间部分关键帧的参数，如图 8-93 所示。

图 8-93　创建关键帧并设置参数

10 上述操作全部完成后，即可在【节目】监视器面板内预览光芒字幕的播放效果，如图 8-94 所示。确认无误后，按快捷键 Ctrl+S 保存文档，完成光芒字的制作。

图 8-94 预览光芒字效果

8.7 思考与练习

一、填空题

1. _____面板是用户创建、编辑字幕的主要工作场所，用户不仅可在该面板内直观地了解字幕应用于影片后的效果，还可直接对其进行修改。

2. _____字幕的特点是能够通过调整路径形状而改变字幕的整体形态，但必须依附于路径才能够存在。

3. 根据素材类型的不同，Premiere Pro CS6 中的字幕素材分为静态字幕和动态字幕两大类型，其中动态字幕又分为_____字幕和滚动字幕。

4. _____字幕对象主要通过【矩形工具】、【圆角矩形工具】、【切角矩形工具】等绘图工具绘制而成。

5. 在 Premiere Pro CS6 中，描边分为_____描边和_____描边两种类型。

二、选择题

1. 在 Premiere Pro CS6 中，字幕工作区共由【字幕】面板、【字幕工具】面板、_____、【字幕样式】面板和【字幕属性】面板所组成。

A.【字幕对象】面板
B.【对齐】面板
C.【字幕动作】面板
D.【分布】面板

2. Premiere Pro CS6 字幕包含文本、图形、_____共 3 种内容元素，通过有机的组合这些元素，用户可以创建出各种各样精美的字幕素材。

A. 图标　　　　B. 标记
C. 表格　　　　D. 蒙版

3. 在下列选项中，不属于 Premiere Pro CS6 文本字幕类型的是_____。

A. 水平文本字幕
B. 垂直文本字幕
C. 路径文本字幕
D. 矢量文本字幕

4. 在下列选项中，不属于字幕填充类型的是_____。

A. 实色填充　　B. 线性渐变填充
C. 三维填充　　D. 残像填充

5. 选择字幕对象后，只需在【_____】面板内单击某个字幕样式的图标，即可将该样式应用于当前所选字幕。

A. 字幕　　　　B. 工具
C. 样式　　　　D. 属性

三、问答题

1. 使用 Premiere Pro CS6 创建字幕的基本流程是什么？
2. 字幕包括哪些类型？
3. 简述标记字幕的制作方法。
4. 字幕的填充类型包括哪几类？
5. 如何创建字幕样式？

四、上机练习

1. 快速制作样式字幕

在 Premiere Pro CS6【字幕】面板组中，还包括【字幕样式】面板。只要使用文字工具输入文字后，就可以在该面板中单击任何一个样式图标，从而使文字应用该样式，省去属性设置，如图 8-95 所示。

2. 制作片尾的演职人员字幕表

现如今，几乎所有影视节目在片尾播出演职人员表时，都采用了滚动字幕的播放方式。因此，

通过在 Premiere Pro CS6 内制作滚动字幕，可以方便地创建出演职人员字幕表，如图 8-96 所示。

图 8-96　演职人员字幕

第 9 章

抠像与遮罩

　　无论是调整色彩、视频剪辑，还是添加视频特效，均是在同一个视频中进行编辑，而视频切换特效也是两个视频之间的过渡。但是，对于令人炫目的视觉效果，特别是现实中无法实现的效果，则需要在后期制作过程中，通过视频遮罩特效技术来完成。

　　利用视频特效中的合成技术，可以使一个场景中的人物出现在另一场景内，从而得到那些无法通过拍摄来完成的视频画面。在本章中，将介绍通过视频特效将多个视频画面合并在一起，从而创建出能够让人感到奇特、炫目和惊叹的画面效果。

本章学习要点：

➢ 视频合成概述

➢ 导入 PSD 图像

➢ 合成类特效使用方法

➢ 常用合成类视频特效介绍

9.1 合成概述

合成视频是非线性视频编辑类视频特效中的重要功能之一，而所有的合成特效都具有一个共同点，就是能够让视频画面中的部分内容成为透明状态，从而显露出其下方的视频画面。

9.1.1 调整素材的透明度

在 Premiere Pro CS6 中，操作最为简单、使用最为方便的视频合成方式，便是通过降低顶层视频轨道中的素材透明度，显现出底层视频轨道上的素材内容。操作时，只需选择顶层视频轨道中的素材后，在【特效控制台】面板中，直接降低【透明度】选项的参数值，所选视频素材的画面将会呈现一种半透明状态，从而隐约透出底层视频轨道中的内容，如图 9-1 所示。

注 意

> 要想通过透明度来进行两个素材之间的合成，必须将这两个素材放置在同一时间段内。否则即使降低的【透明度】参数值，也无法查看下方的素材画面。

不过，上述操作多应用于两段视频素材的重叠部分。也就是说，通过添加"透明度"关键帧，影视编辑人员可以使用降低素材透明度的方式来实现转场过渡效果，如图 9-2 所示。

9.1.2 导入含 Alpha 通道的 PSD 图像

所谓 Alpha 通道，是指图像额外的灰度图层，其功能用于定义图形或者字幕的透明区域。利用 Alpha 通道，可以将某一视频轨道中的图像素材、徽标或文字与另一视频轨道内的背景组合在一起。

图 9-1 通过降低素材透明度来"合成"视频

图 9-2 不透明度过渡动画

若要使用 Alpha 通道实现图像合并，便要首先在图像编辑程序中创建具有 Alpha 通道的素材。例如，在 Photoshop 内打开所要使用的图像素材。然后将图像主体抠取出来，并在【通道】面板内创建新通道后，使用白色填充主体区域，如图 9-3 所示。

接下来，将包含 Alpha 通道的图像素材添加至影视编辑项目内，并将其添加至"视频 2"视频轨道内。此时，可看出图像素材除主体外的其他内容都被隐藏了，而产生这一效果的原因便是在图像素材内创建了 Alpha 通道，如图 9-4 所示。

图 9-3　为图像创建 Alpha 通道

9.2　无用信号类遮罩特效

在 Premiere Pro CS6 中，几乎所有的抠像特效都集中在【效果】面板【视频特效】文件夹中的【键控】子文件夹中。这些特效的作用都是在多个素材发生重叠时，隐藏顶层素材画面中的部分内容，从而在相应位置处显现出底层素材的画面，实现拼合素材的目的。其中，无用信号遮罩类视频特效的功能是在素材画面内设定多个遮罩点，并利用这些遮罩点所连成的封闭区域来确定素材的可见部分。

9.2.1　16 点无用信号遮罩

【16 点无用信号遮罩】特效是【视频特效】|【键控】特效组中的其中一个特效，该特效是通过调整画面中的 16 个遮罩点，来达到局部遮罩的效果。其中，16 个遮罩点的分布情况如图 9-5 所示。

将该特效添加至素材后，即可发现【节目】面板中的文件周围显示出 16 个遮罩点，如图 9-6 所示。

图 9-4　利用 Alpha 通道隐藏图像素材
　　　　　中的多余部分

提　示

在【时间轴】面板中，分别在不同的轨迹中放置素材，并且将其放置在同一时间段。这样才能够在设置上方画面遮罩后，显示出下方画面，并且与之形成合成效果。

为"鸡蛋花"素材添加【16 点无用信号遮罩】视频特效后，在【特效控制台】面板内调整上左顶点的坐标。由于坐标位置发生改变，因此由遮罩点所确定的素材可见范围发生了变化，从而显现出下方蓝色天空素材内的部分画面，如图 9-7 所示。

图 9-5　遮罩点的分布情况

図 9-6 【節目】面板中遮罩点

图 9-7 调整上左顶点的坐标位置

技 巧

用户可以在【特效控制台】面板内通过更改相应选项的参数值的方式移动遮罩点，也可在单击【特效控制台】面板内的【16 点无用信号遮罩】选项后，在监视器窗口内直接拖动遮罩锚点，从而调整其位置。

依次调整其他的遮罩点后，"鸡蛋花"素材内花卉之外的部分已经基本被隐藏起来了，如图 9-8 所示。

不过，由于素材内待保留物体形状的原因，多数情况下，此时的素材抠取效果还无法满足用户的需求。主体很多的细节部分往往还存在遗留或遮盖过多的情况，如图 9-9 所示。

图 9-8 所有遮罩点调整之后的位置

图 9-9 无用信号遮罩特效的细节部分

9.2.2 8 点与 4 点无用信号遮罩

【8 点无用信号遮罩】与【4 点无用信号遮罩】特效与【16 点无用信号遮罩】的使用原理相同，只是遮罩点的数量不同。其中，遮罩点的分布情况如图 9-10 所示。

上左顶点　　　　　　　上中初点　　　　　　　　上右顶点　上左顶点　　　　　　　　　　　　上右顶点

下左顶点　　　　　　　下中初点　　　　　　　　下右顶点　下左顶点　　　　　　　　　　　　下右顶点

图 9-10　　【8 点无用信号遮罩】与【4 点无用信号遮罩】遮罩点的分布情况

对于复杂的画面，为其添加【16 点无用信号遮罩】特效后，可能也无法完整地制作出遮罩形状，为此，可通过添加第 2 或第 3 个无用信号遮罩视频特效的方法，修正这些细节部分的问题，最终效果如图 9-11 所示。

提　示

无论是【16 点无用信号遮罩】特效、【8 点无用信号遮罩】特效还是【4 点无用信号遮罩】特效，都可以重复使用与混合使用，只要将特效添加至素材中即可进行调整。

9.3　差异类遮罩特效

图 9-11　应用多个无用信号遮罩特效后的效果

在【键控】特效组中，不仅能够通过遮罩点来进行局部遮罩，还可以通过矢量图形、明暗关系等因素，来设置遮罩效果，如亮度键、轨道遮罩键、差异遮罩等特效。

9.3.1　Alpha 调整

【Alpha 调整】的功能是控制图像素材中的 Alpha 通道，通过影响 Alpha 通道实现调整影片效果的目的，其参数面板如图 9-12 所示。在 Alpha 调整特效的选项组中，各个选项的作用如下。

图 9-12　Alpha 调整特效选项

❏ **透明度**　该选项能够控制 Alpha 通道的透明程度，因此在更改其参数值后会直接影响相应图像素材在屏幕画面上的表现效果，如图 9-13 所示。

❑ **忽略 Alpha** 启用该选项后，序列将会忽略图像素材 Alpha 通道所定义的透明区域，并使用黑色像素填充这些透明区域，如图 9-14 所示。

图 9-13 降低透明度效果   图 9-14 启用【忽略 Alpha】功能

❑ **反相 Alpha** 顾名思义，该选项会反转 Alpha 通道所定义透明区域的范围。因此，图像素材内原本应当透明的区域会变得不再透明，而原本应当显示的部分则会变成透明的不可见状态，如图 9-15 所示。

❑ **仅蒙版** 如果启用该功能，则图像素材在屏幕画面中的非透明区域将显示为通道画面（即黑、白、灰图像），但透明区域不会受此影响，如图 9-16 所示。

图 9-15 启用【反相 Alpha】功能   图 9-16 启用【仅蒙版】功能

9.3.2 亮度键

【亮度键】视频特效用于去除素材画面内较暗的部分，而在【特效控制台】面板内通过更改【亮度键】选项组中的【阈值】和【屏蔽度】选项便可调整特效应用于素材剪辑后的效果。

图 9-17 显示了一些使用【亮度键】视频特效后的视频画面，画面内的蓝色曲线显示在黑色背景中。在使用【亮度键】视频特效后，这些黑色部分被剔除，从而使得主体景物与背景画面完美地融合在一起。

图 9-17　亮度键视频特效应用效果

9.3.3　图像遮罩键

在 Premiere Pro CS6 中，遮罩是一种只包含黑、白、灰这 3 种不同色调的图像元素，其功能是能够根据自身灰阶的不同，有选择地隐藏目标素材画面中的部分内容。例如，在多个素材重叠的情况下，为上一层的素材添加遮罩后，便可将两者融合在一起。

图 9-18　添加素材

【图像遮罩键】视频特效的使用方法是在将其应用于待抠取素材后，根据参数设置的不同，为特效指定一张带有 Alpha 通道的图像素材用于指定抠取范围。或者，直接利用图像素材本身来划定抠取范围。例如，在"视频 1"和"视频 2"轨道内添加素材，如图 9-18 所示。

选择"视频 2"轨道上的图像素材后，为其添加【图像遮罩键】视频特效，并单击【图像遮罩键】选项组中的【设置】按钮。在弹出的【选择遮罩图像】对话框中，选择相应的遮罩图像，如图 9-19 所示。

图 9-19　添加特效并设置图像遮罩

接下来，在【图像遮罩键】选项组中的【合成使用】选项设置为"亮度遮罩"选项。这时图像素材内所有位于遮罩图像黑色区域中的画面都将被隐藏，只有位于白色区域内的花卉仍旧是可见状态，并已经与背景中的画面融为一体，如图 9-20 所示。

不过，如果启用【图像遮罩键】选项组中的【反相】功能，则会颠倒所应用遮罩图像中的黑、白像素，从而隐藏图像素材中的花卉，而显示该素材中的其他内容。

9.3.4　差异遮罩

【差异遮罩】视频特效的作用是对比两个相似的图像剪辑，并去除两个图像剪辑在屏幕画面上的相似部分，而只留下有差异的图像内容，如图 9-21 所示。因此，该视频特效在应用时对素材剪辑的内容要求较为严格。但在某些情况下，能够很轻易地将运动对象从静态背景中抠取出来。

当在不同的轨迹中导入素材后，需要同时选中这两个素材，并且将【差异遮罩】特效添加至两个素材中。然后在上方素材添加的特效中，设置【差异图层】为"视频 1"选项，如图 9-22 所示，即可显示差异的图像。在【差异遮罩】视频特效的选项组中，各个选项的作用如下。

图 9-20　更改合成模式

❑ **视图**　确定最终输出于【节目】面板中的画面内容，共有【最终输出】、【仅限源】和【仅限遮罩】这3 个选项。其中，【最终输出】选项用于输出两个素材进行差异对匹配后的结果画面；

图 9-21　差异遮罩特效应用效果

【仅限源】选项用于输出应用该特效的素材画面；【仅限遮罩】选项则用于输出差异匹配后产生的遮罩画面，如图 9-23 所示即为之前所演示实例内产生的遮罩。

图 9-22　设置选项　　　　图 9-23　输出差异匹配后产生的遮罩

❑ **差异图层** 用于确定与源素材进行差异匹配操作的素材位置，即确定差异匹配素材所在的轨道。

❑ **如果图层大小不同** 当源素材与差异匹配素材的尺寸不同时，可通过该选项来确定差异匹配操作将以何种方式展开。

❑ **匹配宽容度** 该选项的取值越大，相类似的匹配也就越宽松；其取值越小，相类似的匹配也就越严格，如图 9-24 所示。

❑ **匹配柔和度** 该选项会影响差异匹配结果的透明度，其取值越大，差异匹配结果的透明度也就越大；反之，则匹配结果的透明度也就越小。

🔲 图 9-24 设置【匹配宽容度】选项

❑ **差异前模糊** 根据该选项取值的不同，Premiere Pro CS6 会在差异匹配操作前对匹配素材进行一定程度的模糊处理。因此，【差异前模糊】选项的取值将直接影响差异匹配的精确程度。

9.3.5 轨道遮罩键

从效果和实现原理来看，【轨道遮罩键】视频特效与【图像遮罩键】完全相同，都是将其他素材作为遮罩后隐藏或显示目标素材的部分内容。然而，从实现方式来看，前者是将图像添加至时间轴上后，作为遮罩素材使用，而【图像遮罩键】视频特效则是直接将遮罩素材附加在目标素材上。

🔲 图 9-25 添加素材

例如，分别将"天空"和"儿童 01"素材添加至"视频 1"和"视频 2"轨道内。此时，由于视频轨道叠放顺序的原因，【节目】面板内将只显示"儿童 01"的素材画面，而"天空"素材只显示周围边缘区域的画面，如图 9-25 所示。

接下来，在"视频 3"轨道内添加事先准备好的遮罩素材，而在【节目】面板中将显示最上方的素材画面，如图 9-26 所示。

🔲 图 9-26 添加遮罩素材

完成上述操作后，为"视频 2"轨道中的"儿童 01"素材添加【轨道遮罩键】视频特效，其参数选项如图 9-27 所示。在【特效控制台】面板中，【轨道遮罩键】选项组内的各个选项功能如下。

❑ 遮罩　该选项用于设置遮罩素材的位置。在本例中，应当将其设置为【视频 3】选项。

❑ 合成方式　用于确定遮罩素材将以怎样的方式来影响目标素材(在本例中为"视频 2"轨道内的素材)。当【合成方式】选项为"Alpha 遮罩"选项时，Premiere Pro CS6 将利用遮罩素材内的 Alpha 通道来隐藏目标素材；而当【合成方式】选项为"Luma 遮罩"选项时，Premiere Pro CS6 则会使用遮罩素材本身的视频画面来控制目标素材内容的显示与隐藏。

❑ 反向　用于反转遮罩内的黑、白像素，从而显示原本透明的区域，并隐藏原本能够显示的内容。

在对轨道遮罩键视频特效有了一定认识后，我们将【遮罩】选项设置为"视频 3"选项，【合成方式】设置为"Luma 遮罩"选项，其应用效果如图 9-28 所示。

图 9-27　轨道遮罩键的特效控制选项

图 9-28　【轨道遮罩键】视频特效应用效果

技 巧

当启用【轨道遮罩键】特效中的【反向】功能，即可在【节目】面板中显示与之相反的显示效果。

9.4　颜色类遮罩特效

在 Premiere Pro CS6 中，最常用的遮罩方式，是根据颜色来进行隐藏或者显示局部画面的。在拍摄视频

图 9-29　蓝屏键特效应用效果

时，特别是用于后期合成的视频，通常情况下其背景是蓝色或者绿色布景，以方便后期的合成。而【键控】特效组中，准备了用于颜色遮罩的特效。

● 9.4.1　蓝屏键与非红色键

【蓝屏键】视频特效的作用是去除画面内的蓝色部分，在广播电视制作领域内通常用于广播员与视频画面的拼合，如图 9-29 所示。此外，在利用一些视频格式的字幕时，也

可起到去除字幕背景的作用。

当为素材添加【蓝屏键】视频特效后，即可隐藏画面中的蓝色区域。而在【特效控制台】面板中，蓝屏键视频特效的选项面板如图 9-30 所示。在该面板中，各个选项的作用如下。

- □ **阈值** 如果向左拖动滑块，则能够去掉画面内更多的蓝色，如图 9-31 所示。
- □ **屏蔽度** 控制蓝屏键的应用效果，参数值越小，去背效果越明显。
- □ **平滑** 该选项用于调整蓝屏键特效在消除锯齿时的能力，其原理是混合像素颜色，从而构成平滑的边缘。在【平滑】选项所包含的 3 种设置中，【高】的平滑效果最好，【低】的平滑效果略差，而【无】则是不进行平滑操作。
- □ **仅蒙版** 用于确定是否将特效应用于视频素材的 Alpha 通道。

【非红色键】视频特效的使用方法与蓝屏键特效相同，不同的是该视频特效能够同时去除视频画面内的蓝色和绿色背景，其应用效果如图 9-32 所示。

9.4.2 颜色键

【颜色键】视频特效的作用是抠取屏幕画面内的指定色彩，因此多用于屏幕画面内包含大量色调相同或相近色彩的情况，其选项面板如图 9-33 所示。在【颜色键】选项组中，各个选项的作用如下。

图 9-30　蓝屏键特效选项

图 9-31　设置【阈值】参数

图 9-32　非红色键视频特效应用效果

图 9-33　颜色键视频特效选项

- □ **主要颜色** 用于指定目标素材内所要抠除的色彩，如图 9-34 所示。
- □ **颜色宽容度** 该选项用于扩展所抠除色彩的范围，根据其选项参数的不同，部分

与【主要颜色】选项相似的色彩也将
被抠除。

❑ **薄化边缘**　该选项能够在图像色彩抠
取结果的基础上，扩大或减小【主要
颜色】所设定颜色的抠取范围。例如，
当该参数的取值为负值时，Premiere
Pro CS6 将会减小根据【主要颜色】选
项所设定的图像抠取范围；返之，则
会进一步增大图像抠取范围，如图
9-35 所示。

❑ **羽化边缘**　对抠取后的图像进行边缘
羽化操作，其参数取值越大，羽化效
果越明显。

图 9-34　使用颜色键特效抠除素材
画面中的绿色部分

● 9.4.3　色度键与 RGB 差异键

【色度键】是利用颜色来抠除素材内容的
视频特效，因此多应用于素材内所要抠取的
部分具有统一或相近色彩的情况。在为素材
应用【色度键】视频特效后，该特效在【特
效控制台】面板内的选项如图 9-36 所示。在
【色度键】特效的选项组中，各个选项的作用
如下。

图 9-35　【薄化边缘】选项取不同参数
时的特效应用结果

❑ **颜色**　用于确认所要抠除（隐藏）的颜
色，默认为白色。在单击该选项内的【吸
管】按钮后，可直接从屏幕画面中吸取
颜色。如图 9-37 所示，即为应用色度键
视频特效，并使用【颜色】吸管吸取屏
幕颜色后的抠像效果。

❑ **相似性**　该选项用于扩展所要抠除的颜
色范围，其参数值越大，Premiere Pro CS6
所抠取的色彩范围也就越大。

❑ **混合**　【混合】选项会使顶层视频轨道
中的素材与其下方的影片剪辑融合在一
起，其效果与调整顶层轨道素材的透明度类似。

图 9-36　色度键特效选项

❑ **阈值**　展开该选项后，向右拖动滑动可使素材中保留更多的阴影区域，向左拖动
则会产生相反的效果。

❑ **屏蔽度**　增大该选项的参数值会使画面内的阴影区域变黑，而减小其参数值则会

照亮阴影区域。不过需要指出的是，如果该选项的取值超出了【阈值】选项所设置的范围，则 Premiere Pro CS6 将会颠倒灰色与透明区域的范围。

- ❑ **平滑** 该选项能够混合像素的颜色，从而构成平滑的边缘，因此可用于消除抠像后产生的锯齿。

- ❑ **仅遮罩** 如果勾选该复选框，则会造成屏幕画面内只显示素材剪辑的 Alpha 通道。

【RGB 差异键】视频特效是【色度键】视频特效的易用版本，其作用与色度键视频特效完全相同，只是操作方法更为简单，且功能稍弱一些而已。因此，当不需要进行准确抠像，或所要抠取的图像出现在明亮背景之前时使用这种特效。

与色度键视频特效相同的是，RGB 差异键也提供了【颜色】和【相似性】选项，但没有提供【混合】、【阈值】和【屏蔽度】选项，其参数面板如图 9-38 所示。

图 9-37　色度键视频特效应用效果

图 9-38　RGB 差异键特效选项

9.5　课堂练习：制作望远镜画面效果

在影视作品中，往往会应用很多通过望远镜或其他类似设备进行观察，从而模拟第一人称视角的拍摄手法。事实上，这些效果大都是通过后期制作时的特殊处理来完成的，接下来本例所要做的便是模拟望远镜般的画面效果，如图 9-39 所示。

图 9-39　望远镜效果

具体操作步骤如下。

1. 启动 Premiere Pro CS6，在【新建项目】对话框中单击【浏览】按钮，选择文件的保存位置。在【名称】栏中输入"望远镜效果"文本，单击【确定】按钮，即可创建新项目，如图 9-40 所示。

图 9-40　创建项目

2. 双击【项目】面板中的空白区域，在弹出的【导入】对话框中选中准备好的素材，将其导入其中，如图 9-41 所示。

图 9-41　导入素材

3. 将【项目】面板中的素材"风景.avi"选中，并将其拖入【时间轴】面板的"视频1"轨道中。然后将素材"望远镜遮罩.psd"拖至"视频 2"轨道中，并将其持续时间调整为与"风景.avi"素材相同，如图 9-42 所示。

图 9-42　插入素材

4. 分别选中【时间轴】面板中的素材片段，在【特效控制台】面板中设置【运动】选项组中的【缩放】选项 135.0 与 141.0，使其与【节目】监视器相符，如图 9-43 所示。

图 9-43　设置尺寸

5. 选中【时间轴】面板中的视频片段"风景.avi"，双击【效果】||【视频特效】||【键控】||【轨道遮罩键】特效，将其添加至该视频中，如图 9-44 所示。

6. 在【特效控制台】面板中，设置【轨道遮罩键】特效中的【遮罩】选项为"视频2"，【合成方式】为"Luma 遮罩"，形成望远镜画面效果，如图 9-45 所示。

图 9-44 添加【轨道遮罩键】特效

图 9-45　设置遮罩选项

7 选择"视频 2"轨道中的素材"望远镜遮罩.psd"，将【当前时间指示器】指向00:00:02:07。然后单击【运动】选项组内的【位置】选项的【切换动画】图标 ，创建关键帧，如图 9-46 所示。

8 在影片起始位置处，单击【添加/移除关键帧】按钮 ，创建第二个关键帧，并设置参数值，如图 9-47 所示。

9 上述操作全部完成后，即可在【节目】监视器面板内预览望远镜的播放效果，如图8-94 所示。确认无误后，按快捷键 Ctrl+S保存文档，完成望远镜的制作。

图 9-46　创建关键帧

图 9-47　创建第二个关键帧

图 9-48　查看视频效果

9.6　课堂练习：夕阳中的白塔

　　在拍摄风景视频时，无论是拍摄设备还是拍摄环境均很难拍摄出色彩丰富的夕阳风景。对于拍摄具有天空的风景视频，可以将蓝色的天空抠出，替换成具有夕阳效果的视频或者图像进行合成，形成夕阳风景效果，如图 9-49 所示。

图 9-49　夕阳中的白塔效果

具体操作步骤如下。

1 启动 Premiere Pro CS6，在【新建项目】对话框中单击【浏览】按钮，选择文件的保存位置。在【名称】栏中输入"夕阳中的白塔"文本，单击【确定】按钮，即可创建新项目，如图 9-50 所示。

图 9-50　创建项目

2 双击【项目】面板中的空白区域，在弹出的【导入】对话框中选中准备好的素材，将其导入其中，如图 9-51 所示。

图 9-51　导入素材

3 将【项目】面板中的素材"北海白塔.avi"选中，并将其拖入【时间轴】面板的"视频2"轨道中，如图 9-52 所示。

图 9-52　插入视频

4 选中视频片段后，在【特效控制台】面板中，设置【运动】选项组中【缩放】选项为 55.0。将【当前时间指示器】拖至 00:00:14:08 处，选择工具箱中的【剃刀工具】，在该位置单击切割视频，如图 9-53 所示。

图 9-53　切割视频

5 将第一段视频删除后，将右侧的视频向左移动至 00:00:00:00 处。双击【效果】面板中的【视频特效】|【调整】|【色阶】特效，将该特效添加至视频中，如图 9-54 所示。

图 9-54 添加【色阶】特效

6 在【特效控制台】面板中，设置【(RGB)
输入黑色阶】选项为 23，【(RGB)输入白
色阶】选项为 205，调整视频对比度效果，
如图 9-55 所示。

图 9-55 调整视频对比度效果

7 继续双击【效果】面板中的【视频特效】|
【色彩校正】|【色彩平衡】特效，并在【特
效控制台】面板中设置不同亮部区域的颜色
参数，从而使画面色彩更加鲜艳，如图 9-56
所示。

图 9-56 调整色彩平衡

8 将【项目】面板中的素材"夕阳.jpg"插入
【时间轴】面板的"视频 1"轨道中，并将
其持续时间调整为与"北海白塔.avi"素材
相同，如图 9-57 所示。

图 9-57 插入图像

9 选中"视频 2"轨道中的视频片段，双击【效
果】面板中的【视频特效】|【键控】|【蓝
屏键】特效，为其添加抠图特效，如图 9-58
所示。

图 9-58 添加【蓝屏键】特效

10 在【特效控制台】面板中，设置【蓝屏键】
特效中【阈值】选项为 47.3%，使视频画面
中蓝色天空为透明，如图 9-59 所示。

11 将【当前时间指示器】指向 00:00:00:00 处，
选中"视频 1"轨道中的图像素材。在【特
效控制台】面板中设置【运动】选项组中【位
置】选项为（690.0，820.0），如图 9-60
所示。

12 分别单击【位置】选项与【缩放】选项的【切
换动画】图标，在视频起始位置处创建
关键帧，开始制作图像移动与缩放动画，如
图 9-61 所示。

图 9-59 设置选项

图 9-60 设置图像显示位置

图 9-61 创建关键帧

13 将【当前时间指示器】指向 00:00:03:00 处,
单击【缩放】选项的【添加/移除关键帧】
按钮▣,创建第二个关键帧。设置选项值
为 62.0,如图 9-62 所示。

14 在相同位置,单击【位置】选项的【添加/
移除关键帧】按钮▣,创建第二个关键帧。
设置该选项的选项值为(340.0,373.0),

如图 9-63 所示。

图 9-62 创建【缩放】第二个关键帧

图 9-63 创建【位置】第二个关键帧

15 将【当前时间指示器】指向 00:00:06:09,
单击【位置】选项的【添加/移除关键帧】
按钮▣,创建第三个关键帧。设置该选项
的选项值为(287.9,322.2),如图 9-64
所示。

图 9-64 创建【位置】第三个关键帧

16 上述操作全部完成后，即可在【节目】监视器面板内预览视频播放效果，如图 9-65 所示。确认无误后，按快捷键 Ctrl+S 保存文档，完成"夕阳下的白塔"制作。

图 9-65　查看视频效果

9.7　思考与练习

一、填空题

1. Premiere Pro CS6 中最为简单的素材合成方式是降低素材_____，从而使当前素材的画面与其下方素材的图画融合在一起。

2．所谓 Alpha 通道，是指图像额外的_____区域，其功能用于定义图形或者字幕的透明区域。

3．_____类视频特效的功能是在素材画面内设定多个遮罩点，并利用这些遮罩点所连成的封闭区域来确定素材的可见部分。

4．_____视频特效的作用是去除素材画面内较暗的部分。

5．_____视频特效的作用是去除画面内的蓝色部分。

二、选择题

1. 在 Premiere Pro CS6 中，能够使素材直接与其下方素材进行画面合成的特效属性是_____。

A．运动　　　　　B．尺寸
C．透明度　　　　D．时间重置

2. 无用信号遮罩类视频特效共有哪几种类型？_____。

A．共有 4 种，分别为 2 点、4 点、8 点和 16 点无用信号遮罩

B．共有 3 种，分别为 4 点、8 点和 16 点无用信号遮罩

C．共有 3 种，分别为 2 点、4 点和 8 点无用信号遮罩

D．共有 2 种，分别为 4 点和 8 点无用信号遮罩

3．图像遮罩键的功能是_____。

A．利用其他的图像素材的 Alpha 通道或亮度遮罩来隐藏目标素材的部分画面

B．利用素材自身的 Alpha 通道来隐藏部分画面

C．利用其他图像素材的亮度遮罩来隐藏目标素材的部分画面

D．利用其他图像素材的 Alpha 通道来隐藏目标素材的部分画面

4．在下列选项中，不属于差异遮罩视频特效所提供视图输出方式的是_____。

A．最终输出　　　　B．仅限源
C．仅限遮罩　　　　D．仅限目标

5．在下列选项中，作用相同或相近的 2 种视频特效是_____。

A．无用信号遮罩与亮度键
B．色度键与轨道遮罩键
C．蓝屏键与 Alpha 调整
D．色度键与 RGB 差异键

三、问答题

1．无用信号遮罩视频特效都有哪些类型？它们之间的区别是什么？

2．如何导入并使用 PSD 素材文件中的遮罩？

3．如何使用【轨迹遮罩键】视频特效进行

画面遮罩？

4．蓝屏键和非红色键分别有什么作用？

5．简单介绍【差异遮罩】视频特效的使用方法？

四、上机练习

1．根据颜色进行合成

对于具有蓝色背景的素材，则可以通过【键控】特效组中的【蓝屏键】特效来进行局部遮罩效果。只要将该特效添加至上方素材中，即可隐藏蓝色背景，如图9-66所示。

 图 9-66　隐藏蓝色背景

2．合成视频

要将两个视频同时显示，必须将这两个视频放置在同一个时间段，但是上方视频会覆盖下方视频。这时可以通过【键控】特效组中的特效，将上方视频局部隐藏，从而显示出下方视频。而遮罩特效则需要根据上方视频颜色或明暗关系等因素来决定特效的添加。这里的上方视频画面包括黑色与亮色调，如图9-67所示。

针对黑色与亮色的视频画面，将【键控】特效中的【亮度键】特效添加至上方视频中，即可得到合成效果，如图9-68所示。

这时，单击【节目】面板中的【播放/停止切换】按钮，即可查看合成视频播放效果，

如图9-69所示。

 图 9-67　导入视频

 图 9-68　合成视频效果

 图 9-69　合成视频播放效果

第 10 章

音频混合

在现代影视节目的制作过程中，所有节目都会在后期编辑时添加适合的背景音效，从而使节目能够更加精彩和完美。用户不仅可以在多个音频素材之间添加过渡效果，还可根据需要为音频素材添加音频滤镜，改变原始素材的声音效果，使视频画面和声音效果能够更加紧密地结合起来。调音台是播送和录制节目时必不可少的重要设备之一。在整套音响系统中，调音台的作用是对多路输入信号进行放大、混合、分配及对音质进行修饰与对音响效果加工等。

本章学习要点：

➢ 编辑音频素材
➢ 音频转换
➢ 混音技巧
➢ 音频过渡
➢ 音频特效
➢ 调音台
➢ 在调音台中编辑音频

10.1 Premiere Pro CS6 与音频混合基础

音频，就是正常人耳能听到的，相应于正弦声波的任何频率。具有声音的画面更具有感染力。在制作影片的过程中，声音素材的优劣将直接影响到节目的质量，所以编辑音频素材在 Premiere Pro CS6 的后期制作中非常重要。

10.1.1 音频概述

人类能够听到的所有声音都可被称为音频，如话语声、歌声、乐器声和噪音等，但由于类型的不同，这些声响都具有一些与其他类音频不同的特性。

声音通过物体振动所产生，正在发声的物体被称为声源。由声源振动空气所产生的疏密波在进入人耳后，会通过振动耳膜产生刺激信号，并由此形成听觉感受，这便是人们"听"到声音的整个过程。

1. 不同类型的声音

声源在发出声音时的振动速度称为声音频率，以 Hz 为单位进行测量。通常情况下，人类能够听到的声音频率在 20~20000Hz 范围之内。按照内容、频率范围和时间领域的不同，可以将声音大致分为以下几种类型：

❏ **自然音** 自然音是指大自然的声音，如流水声、雷鸣声或风声等。

❏ **纯音** 当声音只由一种频率的声波所组成时，声源所发出的声音便称为纯音。例如，音叉所发出的声音便是纯音。

❏ **复合音** 复合音是由基音和泛音结合在一起形成的声音，即由多个不同频率声波构成的组合频率。复合音的产生原因是声源物体在进行整体振动的同时，其内部的组合部分也在振动而形成的。

❏ **协和音** 协和音由两个单独的纯音组合而成，但它与基音存在整比的关系。例如，当按下钢琴相差 8 度的音符时，二者听起来犹如一个音符，因此被称为协和音；若按下相邻 2 度的音符，则由于听起来不融合，因此会被称为不协和音。

❏ **噪音** 噪音是一种会引起人们烦躁或危害人体健康的声音，其主要来源于交通运输、车辆鸣笛、工业噪音、建筑施工等。

❏ **超声波与次声波** 频率低于 20Hz 的音波信号称为次声波，而当音波的频率高于 20kHz 时，则被称为超声波。

2. 声音的三要素

在日常生活中我们会发现，轻轻敲击钢琴键与重击钢琴键时感受到的音量大小会有所不同；敲击不同钢琴键时产生的声音不同；甚至钢琴与小提琴在演奏相同音符时的表现也会有所差别。根据这些差异，人们从听觉心理上为声音归纳出响度、音高与音色这 3 种不同的属性。

❏ **响度** 又称声强或音量，用于表示声音能量的强弱程度，主要取决于声波振幅的大小，振幅越大响度越大。声音的响度采用声压或声强来计量，单位为帕（Pa），与基准声压比值的对数值称为声压级，单位为分贝（dB）。

> ➢ 响度是听觉的基础，正常人听觉的强度范围在 0dB～140dB 之间，当声音的频率超出人耳可听频率范围时，其响度为 0。

- ❏ **音高** 音高也称为音调，表示人耳对声音高低的主观感受。音调由频率决定，频率越高音调越高。一般情况下，较大物体振动时的音调较低，较小物体振动时的音调较高。
- ❏ **音色** 音色也称为音品，由声音波形的谐波频谱和包络决定。例如，当人们在听到声音时，通常都能够立刻辨别出是哪种类型的声音，其原因便在于不同声源在振动发声时产生的音色不同，因此会为人们带来不同的听觉印象。

提　示

音色由发声物体本身的材料和结构决定的。

10.1.2　音频信号的数字化处理技术

随着科学技术的发展，无论是广播电视、电影、音像公司、唱片公司，还是个人录音棚，都在使用数字化技术处理音频信号。数字化正成为一种趋势，而数字化的音频处理技术也拥有广阔的前景。

1．数字音频技术概述

所谓数字音频是指把声音信号数字化，并在数字状态下进行传送、记录、重放和加工处理的一整套技术。与之对应的是，将声音信号在模拟状态下进行加工处理的技术称为模拟音频技术。

模拟音频信号的声波振幅具有随时间连续变化的性质，音频数字化的原理就是将这种模拟信号按一定的时间间隔取值，并将取值按照二进制编码表示，从而将连续的模拟信号变换为离散的数字信号的操作过程。

与模拟音频相比，数字音频拥有较低的失真率和较高的信噪比，能经受多次复制与处理而不会明显降低质量。在多声道音频领域中，数字音频还能够消除通道间的相位差。不过，由于数字音频的数字量较大，因此会提高存储与传输数据时的成本和复杂性。

2．数字音频技术的应用

由于数字音频在存储和传输方面拥有很多模拟音频无法比拟的技术优越性，因此数字音频技术已经广泛地应用于如今的音频制作过程中。

- ❏ **数字录音机**

数字录音机采用了数字化方式记录音频信号，因此能够实现很高的动态范围和极好的频率响应，抖晃率也低于可测量的极限。与模拟录音机相比，剪辑功能也有极大的增强与提高，还可以实现自动编辑。

- ❏ **数字调音台**

数字调音台除了具有 A/D 和 D/A 转换器外，还具有 DSP 处理器。在使用及控制方面，调音台附设有计算机磁盘记录、电视监视器，以及各种控制器的调校程序、位置、电平、声源记录分组等均具有自动化功能，包括推拉电位器运动、均衡器、滤波器、压限器、输入、输出、辅助编组等，均由计算机控制。

❑ **数字音频工作站**

数字音频工作站，是一种计算机多媒体技术应用到数字音频领域后的产物。它包括许多音频制作功能。多轨数字记录系统可以进行音乐节目录音、补录、搬轨及并轨使用，用户可以根据需要对轨道进行扩充，从而更方便地进行音频、视频同步编辑等后期制作。

10.1.3 调音台概述

在现代电台广播、舞台扩音等系统中，调音台是播送和录制节目时必不可少的重要设备之一。在整套音响系统中，调音台的作用是对多路输入信号进行放大、混合、分配及音质的修饰及音响效果的加工等。

与音响系统中的硬件调音台相比，Premiere Pro CS6 中的调音台虽然并不完全相同，但却有着几分相似之处，且同样是音响系统内不可或缺的部分。例如，用户不仅可以通过调音台调整素材的音量大小、渐变效果，还可以进行均衡立体声、录制旁白等操作。

调音台是 Premiere Pro CS6 为用户制作高质量音频所准备的多功能音频素材处理平台。利用 Premiere Pro CS6 调音台，用户可以在现有音频素材的基础上创建复杂的音频效果，不过在此之前，需要首先对调音台有一定的了解，对熟悉调音台各控件的功能及使用方法。

从【调音台】面板内可以看出，调音台由若干音频轨道控制器和播放控制器所组成，而每个轨道控制器内又由对应轨道的

图 10-1 Premiere Pro CS6 调音台界面

控制按钮和音量控制器等控件组成，如图 10-1 所示。

提 示

在默认情况下，【调音台】面板内仅显示当前所激活序列的音频轨道。因此，如果希望在该面板内显示指定的音频轨道，就必须将序列嵌套至当前被激活的序列内。

接下来，对【调音台】面板中的各个控件进行具体介绍。

❑ **自动模式**

在【调音台】面板中，自动模式控件对音频的调节作用主要分为调节音频素材和调节音频轨道两种方式。当调节对象为音频素材时，音频调节效果仅对当前素材有效，且调节效果会在用户删除素材后一同消失。如果是对音频轨道进行调节，则音频特效将应用于整个音频轨道内，即所有处于该轨道的音频素材都会在调节范围内受到影响。

在实际应用时，将音频素材添加至【时间轴】面板内的音频轨道后，在【调音台】面板内单击相应轨道中的【自动模式】下拉按钮，即可选择所要应用的自动模式选项，如图 10-2 所示。

> **提　示**
>
> 【调音台】面板内的轨道数量与【时间轴】面板内的音频轨道数量相对应，当用户在【时间轴】面板内添加或删除音频轨道时，【调音台】面板也会自动做出相应的调整。

❑ **轨道控制按钮**

在【调音台】面板中，【静音音轨】 M 、

图 10-2　自动模式列表

【独奏轨】 S 、【激活录制轨】 R 等按钮的作用是在用户预听音频素材时，让指定轨道以完全静音或独奏的方式进行播放。

例如，在"音频 1"、"音频 2"和"音频 3"轨道都存在音频素材的情况下，预听播放时的【调音台】面板内相应轨道中均会显示素材的波形变化。但是，当单击"音频 2"轨道中的【静音音轨】按钮 M 后再预听音频素材，则"音频 2"轨道内将不再显示素材波形，这表示该音频轨道已被静音，如图 10-3 所示。

在编辑项目内包含众多音频轨道的情况下，如果只想试听某一音频轨道中的素材播放效果，则应在预听音频前在【调音台】面板内单击相应轨道中的【独奏轨】按钮，如图 10-4 所示。

> **提　示**
>
> 若要取消音频轨道中素材的静音或者独奏效果，只需再次单击【静音轨道】或【独奏轨】按钮即可。

❑ **声道调节滑轮**

当调节的音频素材只有左、右两个声道时，声道调节滑轮可用来切换音频素材的播放声道。例如，当向左拖动声道调节滑轮时，相应轨道音频素材的左声道音量将会得到提升，而右声道音量会降低；若是向右拖动声道调节滑轮，则右声道音量得到提升，而左声道音量降低，如图 10-5 所示。

图 10-3　让指定轨道静音

图 10-4　设置独奏轨

❑ **音量控制器**

音量控制器的作用是调节相应轨道内的音频素材播放音量，由左侧的 VU 仪表和右侧的音量调节滑杆所组成，根据类型的不同分为主音量控制器和普通音量控制器。其中，普通音量控制器的数量由相应序列内的音频轨道数量所决定，而主音量控制器只有一项。

在预览音频素材播放效果时，VU

图 10-5　使用声道调节滑轮

仪表将会显示音频素材音量大小的变化。此时，利用音量调节滑标即可调整素材的声音大小，向上拖动滑块可增大素材音量，反之则可降低素材音量，如图 10-6 所示。

❑ **播放控制按钮**

播放控制按钮位于【调音台】面板的正下方，其功能是控制音频素材的播放状态。当用户为【时间轴】面板中的音频素材剪辑设置入点和出点之后，便可以利用各个播放控制按钮对其进行控制。在这些控制按钮中，各按钮的名称和作用见表 10-1。

图 10-6　调整音量大小

表 10-1 播放控制按钮功能作用

按钮	名 称	作 用
	跳转入点	将当前时间指示器移至音频素材的开始位置
	跳转出点	将当前时间指示器移至音频素材的结束位置
	播放/停止切换	播放音频素材，单击后按钮图案将变为"方块"形状
	播放入点到出点	播放音频素材入点与出点间的部分
	循环	使音频素材不断进行循环播放
	录制	单击该按钮后，即可开始对音频素材进行录制操作

❑ **显示/隐藏效果与发送**

在默认情况下，效果与发送选项被隐藏在【调音台】面板内，但用户可通过单击【显示/隐藏效果与发送】按钮▶的方式展开该区域，如图 10-7 所示。

❑ **【调音台】面板菜单**

由于【调音台】面板内的控制选项众多，Premiere Pro CS6 特别允许用户通过【调音台】面板菜单自定义【调音台】面板的功能。使用时，只需单击面板右上角的面板菜单按钮，即可显示该面板菜单。

在编辑音频素材的过程中，选择【调音台】面板菜单内的【显示音频时间单位】命令后，还可在【调音台】面板内按照音频单位显示音频时间，从而能够以更精确的方式来设置音频处理效果，如图 10-8 所示。

图 10-7 效果与发送选项

10.2 音频添加与处理

所谓音频素材，是指能够持续一段时间，含有各种乐器音响效果的声音。在制作影片的过程中，声音素材的好坏将直接影响影视节目的质量。

10.2.1 添加音频

在 Premiere Pro CS6 中，添加音频素材的方法与添加视频素材的方法基本相同，同样是通过在菜单或是【项目】面板来完成。

图 10-8 显示音频单位

❑ **利用【项目】面板添加音频素材** 在【项目】面板中，既可以利用右键菜单添加音频素材，也可以使用鼠标拖动的方式添加音频素材。

> 若要利用右键菜单，可以在【项目】面板中，右击要添加的音频素材，执行【插入】命令，即可将相应素材添加到音频轨中，如图 10-9 所示。

> 若要利用鼠标拖动的方式添加音频素材，则只需在【项目】面板内选择音频素材后，将其拖至相应音频轨道即可，如图 10-10 所示。

❑ **利用菜单添加音频素材** 若要利用菜单添加音频素材，需要先激活要添加音频素材的音频轨，并在【项目】面板中选择要添加的音频素材后，单击【素材】菜单，执行【插入】命令。

图 10-9　利用右键菜单添加音频素材

图 10-10　以拖动方式添加音频素材

10.2.2　在时间轴中编辑音频

　　源音频素材可能无法满足用户在制作视频时的需求，Premiere Pro CS6 提供了强大的视频编辑功能的同时，还可以处理音频素材。其中，在【时间轴】面板中即可简单的编辑音频。

1. 使用音频单位

　　对于视频来说，视频帧是其标准的测量单位，通过视频帧可以精确地设置入点或者出点。然而在 Premiere Pro CS6 中，音频素材应当使用毫秒或音频采样率作为显示单位。

　　若要查看音频的单位及音频素材的声波图形，应当先将音频素材或带有声音的视频素材添加至【时间轴】面板内，如图 10-11 所示。

　　展开音频轨道，并单击【设置显示样式】下拉按钮，执行【显示波形】命令，即可在【时间轴】面板中，显示该素材的音频波形，如图 10-12 所示。

图 10-11　时间轴中的音频素材

　　若要显示音频单位，只需在【时间轴】面板内单击【面板菜单】按钮后，执行【显示音频单位】命令，即可在时间标尺上显示相应的时间单位，如图 10-13 所示。

图 10-12　查看音频波形

图 10-13　显示音频单位

默认情况下，Premiere Pro CS6 项目文件会采用音频采样率做为音频素材单位，用户可根据需要将其修改为毫秒。操作时，执行【项目】|【项目设置】|【常规】命令。在弹出的【项目设置】对话框中，单击【音频】栏中的【显示格式】下拉按钮，选择【毫秒】选项即可，如图 10-14 所示。

2. 调整音频素材的持续时间

音频素材的持续时间是指音频素材的播放长度，用户可以通过设置音频素材的入点和出点来调整其持续时间。除此之外，Premiere Pro CS6 还允许用户通过更改素材长度和播放速度的方式来调整其持续时间。

若要通过更改其长度来调整音频素材的持续时间，可以在【时间轴】面板中，将鼠标置于音频素材的末尾，当光标变成◀形状时，拖动鼠标即可更改其长度，如图 10-15 所示。

图 10-14　更改音频单位

图 10-15　利用鼠标调整音频素材的持续时间

提　示

在调整素材长度时，向左拖动鼠标则持续时间变短，向右拖动鼠标则持续时间变长。但是当音频素材处于最长持续时间状态时，将不能通过向外拖动鼠标的方式来延长其持续时间。

使用鼠标拖动来延长或者缩短音频素材持续时间的方式会影响到音频素材的完整性。因此，若要在保证音频内容完整的前提下更改持续时间，则必须通过调整播放速度的方式来实现。

操作时，应当在【时间轴】面板内右击相应音频素材，并执行【速度/持续时间】命令，如图 10-16 所示。

在弹出的【素材速度/持续时间】对话框内调整【速度】选项，即可改变音频素材【持续时间】的长度，如图 10-17 所示。

图 10-16　执行【速度/持续时间】命令　　　　图 10-17　调整速度

提　示

在【素材速度/持续时间】对话框中，也可直接更改【持续时间】选项，从而精确控制素材的播放长度。

3. 设置音频素材的音量

设置音频素材音量大小的意义在于，可以使相邻音频素材的音量相匹配，或者使其完全静音。

当通过【时间轴】或【节目】面板播放音频素材时，Premiere Pro CS6 内置的【主音频计量器】将会显示音频素材的总体音量级别，如图 10-18 所示。

在【时间轴】面板中，不仅可以调整整个音频素材的音量大小，同时也可以设置音频素材在不同位置具有不同的音量大小，从而实现声音忽高忽低的特殊效果。要想调整整个音频素材的音量大小，只要在【时间轴】面板中上下拖动音频波形中的黄线即可，如图 10-19 所示。

图 10-18　【主音频计量器】面板

若要使音频素材在不同的位置具有不同大小的音量，则需要为其添加关键帧。在【时间轴】面板中，在不同位置单击【添加/移除关键帧】按钮，添加多个关键帧。然后向上或者向下拖动该关键帧，即可增加或者降低该位置上音频素材的声音

图 10-19　向上拖动增加音量

大小，如图 10-20 所示。

　　同样，在【特效控制台】面板中也能够调节音频素材的音量大小。方法是选择音频素材后，在【特效控制台】面板中单击【音量】前的折叠按钮，并拖动【级别】栏中的滑块或者输入具体数值，从而调整所选素材的音量大小，如图 10-21 所示。

　　若要使音频素材在不同的位置具有不同大小的音量，则需要为其添加关键帧。在【特效控制台】面板中，拖动时间轴视图中的当前时间指示器至合适的位置，并添加关键帧。然后，向上或者向下拖动该关键帧，即可增加或者降低该位置上音频素材的声音大小，如图 10-22 所示。

图 10-20　调节关键帧位置上的音量大小

图 10-21　利用【特效控制台】调节音量大小

图 10-22　调节关键帧位置上的音量大小

10.2.3　声道映射

　　声道是指录制或者播放音频素材时，在不同空间位置采集或回放的相互独立的音频信号。在 Premiere Pro CS6 中，不同的音频素材具有不同的音频声道，如左右声道、立体声道和单声道等。

1. 源声道映射

　　在编辑影片的过程中，经常会遇到卡拉 OK 等双声道或多声道的音频素材。此时，如果只需要使用其中一个声道中的声音，则应当利用 Premiere Pro CS6 中的源声道映射功能，对音频素材中的声道进行转换。

　　在执行源声道映射操作时，需要先将待处理的音频素材导入至 Premiere Pro CS6 项目内。在【素材源】面板中，可以查看到相应音频素材的声道情况，如图 10-23 所示。

图 10-23　原始的音频素材

接下来，在【项目】面板内选择素材文件后，执行【素材】|【修改】|【音频声道】命令。在弹出的【修改素材】对话框中，上半部分显示了音频素材的所有轨道格式，而下半部分则列出了当前音频素材具有的源声道模式，如图 10-24 所示。

图 10-24 【修改素材】对话框

提 示

在【修改素材】对话框中，所有选项的默认设置均与音频素材的属性相关。这里导入的音频素材格式为立体声，因此该对话框中的【轨道格式】默认为"立体声"。此外，单击对话框底部的【播放】按钮后，还可以对所选音频素材进行试听。

在【修改素材】对话框中，选择【左声道】栏下拉列表中的"无"，即可"关闭"音频素材左声道，从而使音频素材仅留右声道中的声音，如图 10-25 所示。

图 10-25 修改音频声道效果

提 示

如果用户在【修改素材】对话框内选择【右声道】栏中的"无"，则音频素材将只保留左声道中的声音。

2. 拆分为单声道

Premiere Pro CS6 除了具备修改素材声道的功能外，还可以将音频素材中的各个声道分离为单独的音频素材。也就是说，能够将一个多声道的音频素材分离为多个单声道的音频素材。

进行此类操作时，只需在【项目】面板内选择音频素材后，执行【素材】|【音频选项】|【拆分为单声道】命令，即可将原始素材分离为多个不同声道的音频素材，如图 10-26 所示。

图 10-26 拆分为单声道

此时，即可在【素材源】面板内分别预览分离后的单声道音频素材，如图 10-27 所示。

图 10-27 分离后的音频素材

3. 提取音频

在编辑某些影视节目时，可能只是需要某段视频素材中的音频部分，此时便需要将素材中的音频部分提取为独立的音频素材。方法是在【项目】面板内选择相应的视频素材后，执行【素材】|【音频选项】|【提取音频】命令。稍等片刻后，Premiere Pro CS6 便会利用提取出的音频部分生成独立的音频素材文件，并将其自动添加至【项目】面板内，如图 10-28 所示。

图 10-28 提取音频

●— 10.2.4 增益、淡化和均衡

在 Premiere Pro CS6 中，音频素材内音频信号的声调高低称为增益，而音频素材内各声道间的平衡状况被称为均衡。下面介绍调整音频增益，以及调整音频素材均衡状态的操作方法。

1. 调整增益

制作影视节目时，整部影片内往往会使用多个音频素材。此时，需要对各个音频素材的增益进行调整，以免部分音频素材出现声调过高或过低的情况，最终影响整个影片的制作效果。

调节音频素材增益时，可在【项目】或【时间轴】面板内选择音频素材后，执行【素材】|【音频选项】|【音频增益】命令。在弹出的【音频增益】对话框中，启用【设置增益为】单选按钮后，即可直接在其右侧文本框内设置增益数值，如图 10-29 所示。

图 10-29 【音频增益】对话框

提 示

当设置的参数大于 0dB 时，表示增大音频素材的增益；当其参数小于 0dB 时，则为降低音频素材的增益。

2. 均衡立体声

利用 Premiere Pro CS6 中的钢笔工具,
用户可直接在【时间轴】面板上为音频素材
添加关键帧,并调整关键帧位置上的音量大
小,从而达到均衡立体声的目的。

首先,在【时间轴】面板内添加音频素
材,并在音频轨内展开音频素材后,右击音
频素材,选择【显示素材关键帧】|【声像器】
|【平衡】命令,便可将【时间轴】面板中的
关键帧控制模式切换至【平衡】音频效果方
式,如图 10-30 所示。

图 10-30 切换【平衡】音频效果

单击相应音频轨道中的【添加/移除关键
帧】按钮◇,并使用【工具】面板中的【钢
笔工具】◇调整关键帧调节线,即可调整立
体声的均衡效果,如图 10-31 所示。

> **提 示**
>
> 使用【工具】面板中的【选择工具】 ,也可以
> 调整关键帧调节线。

图 10-31 均衡立体声

3. 淡化声音

在影视节目中,对背景音乐最为常见的
一种处理效果是随着影片的播放,背景音乐的声音逐渐减小,直至消失。这种效果称为
声音的淡化处理,可以通过调整关键帧的方式来制作。

若要实现音频素材的淡化效果,至少
应当为音频素材添加两处音量关键帧,一
处位于声音开始淡化的起始阶段,另一处
位于淡化效果的末尾阶段,如图 10-32 所
示。

在【工具】面板内选择【钢笔工具】,
并使用钢笔工具降低淡化效果末尾关键帧
的增益,即可实现相应音频素材的逐渐淡
化至消失的效果,如图 10-33 所示。

在实际编辑音频素材的过程中,如果
对两段音频素材分别应用音量逐渐降低和
音量逐渐增大的设置,则能够创建出两段
音频素材交叉淡出与淡入的效果,如图 10-34 所示。

图 10-32 为淡化声音添加音量关键帧

图 10-33　调整音量关键帧

图 10-34　交叉淡出与淡入

10.3　音频转场与音频效果

在制作影片的过程中，为音频素材添加音频过渡效果或音频特效，能够使音频素材间的连接更为自然、融洽，从而提高影片的整体质量。也可以更为快速地利用 Premiere Pro CS6 内置的音频特效制作出想要的音频效果。

10.3.1　音频转场概述

与视频切换效果相同，音频过渡也放在【效果】面板中。在【效果】面板内依次展开【音频过渡】|【交叉渐隐】选项后，即可显示 Premiere Pro CS6 内置的 3 种音频过渡效果，如图 10-35 所示。

图 10-35　音频过渡

【交叉渐隐】文件夹内的不同音频转场可以实现不同的音频处理效果。若要为音频素材应用过渡效果，只需先将音频素材添加至【时间轴】面板后，将相应的音频过渡效果拖动至音频素材的开始或末尾位置即可，如图 10-36 所示。

图 10-36　添加【音频过渡】特效

 提　示

【恒定功率】音频过渡可以使音频素材以逐渐减弱的方式过渡到下一个音频素材。【恒定增益】能够让音频素材以逐渐增强的方式进行过渡。

在默认情况下，所有音频过渡的持续时间均为 1 秒。不过，当在【时间轴】面板内选择某个音频过渡，如图 10-37 所示。在【特效控制台】面板中，可在【持续时间】右侧选项内

图 10-37　设置【持续时间】选项

设置音频的播放长度。

10.3.2 音频效果概述

尽管 Premiere Pro CS6 并不是专门用于处理音频素材的工具，但仍旧为音频这一现代电影中不可或的重要部分提供了大量音频特效滤镜。利用这些滤镜，用户可以非常方便地为影片添加混响、延时、反射等声音特技。

1. 添加音频特效

虽然 Premiere Pro CS6 将音频素材根据声道数量划分为不同的类型，但是在【效果】面板内的【音频特效】文件夹中，则没有进行分类，而是将所有音频特效罗列在一起，如图 10-38 所示。

就添加方法来说，添加音频特效的方法与添加视频特效的方法相同，用户即可通过【时间轴】面板来完成，也可通过【特效控制台】面板来完成。

图 10-38 音频特效

2. 相同的音频特效

尽管 Premiere Pro CS6 音频特效被统一放置在一起，但是由于声道类型的不同有些音频特效适用于所有类型的声道，而有些音频特效只特定用于某个类型声道。下面这些音频特效则适用于所有类型的声道。

❏ 选频

该音频特效的作用是过滤特定频率范围之外的一切频率，因此被称为选频滤镜，其参数面板如图 10-39 所示。

图 10-39 【选频】特效

> **提 示**
>
> 【选频】音频特效具有【中置】和 Q 两个参数，其中的【中置】选项用于确定中心频率范围，而参数 Q 则用于确定被保护的频率带宽。

❏ 多功能延迟

该音频特效能够对音频素材播放时的延迟进行更高层次的控制,对于在电子音乐内产生同步、重复的回声效果非常有用，如图 10-40 所示为该特效的参数控制面板。

在【特效控制台】面板中，【多功能延迟】音频特效的参数名称及其作用如表 10-2 所示。

图 10-40 【多功能延迟】音频特效

表 10-2　【多功能延迟】音频特效参数

名　称	作　　用
延迟	该音频特效含有 4 个【延迟】选项，用于设置原始音频素材的延时时间，最大的延时为 2 秒
反馈	该选项用于设置有多少延时音频反馈到原始声音中
级别	该选项用于设置每个回声的音量大小
混合	该选项用于设置各回声之间的融合状况

□ **EQ（均衡器）**

该音频特效用于实现参数平衡效果，可对音频素材中的声音频率、波段和多重波段均衡等内容进行控制。设置时，用户可通过图形控制器或直接更改参数的方式进行调整，如图 10-41 所示。

当使用图形控制器调整音频素材在各波段的频率时，只需在【特效控制台】面板内分别勾选 EQ 选项组内的 Low、Mid 和 High 复选框后，利用鼠标拖动相应的控制点即可，如图 10-42 所示。在 EQ 选项组中，部分重要参数的功能与作用如表 10-3 所示。

图 10-41　EQ 音频特效参数

图 10-42　利用图形控制器调整波段参数

表 10-3　部分 EQ 音频特效参数介绍

名　称	作　　用
Low、Mid 和 High	用于显示或隐藏自定义滤波器
Gian	该选项用于设置常量之上的频率值
Cut	勾选该复选框，即可设置从滤波器过滤掉的高低波段
Frequency	该选项用于设置波段增大和减小的次数
Q	该选项用于设置各滤波器波段的宽度
Output	用于补偿过滤效果之后造成频率波段的增加或减少

□ **低通**

低通音频特效的作用是去除高于指定频率的声波。该音频特效仅有【屏蔽度】一项参数，作用在于指定可通过声音的最高频率。

❑ **低音**

顾名思义,【低音】音频特效的作用便是调整音频素材中的低音部分,其中的【放大】选项是对声音的低音部分进行提升或降低,取值范围为−24~24。

❑ **Reverb**(混响)

【Reverb】音频特效用于模拟在室内播放音乐时的效果,从而能够为原始音频素材添加环境音效。通俗地说,【Reverb】音频特效能够添加家庭环绕式立体声效果。如图 10-43 是该音频特效的参数面板。

在【特效控制台】面板中,可通过拖动图形控制器中的控制点,或通过直接设置选项栏中的具体参数来调整房间大小、混音、衰减、漫射和音色等内容,如图 10-44 所示。

❑ **延迟**

该特效用来设置原始音频和回声之间的时间间隔声道的高音部分。为素材添加【延迟】特效后,在【特效控制台】面板中,展开【延迟】特效,出现【延迟】、【反馈】、【混合】三个选项,如图 10-45 所示。

图 10-43　混响音频特效

图 10-44　设置混响特效参数

❑ **音量**

在编辑影片的过程中,如果要在标准特效之前渲染音量,则应当使用【音量】音频特效代替默认的音量调整选项。为了便于操作,【音量】音频特效仅有【级别】这一项参数,用户直接调整该参数调节音频素材的声音大小。

3. 不同的音频特效

除了各种相同的音频特效外,Premiere Pro CS6 还根据音频素材声道类型的不同而推出了一些独特的音频特效。这些音频特效只能应用于对应的音频轨道内,接下来本节便将对三大声道

图 10-45　【延迟】特效

类型中的不同音频特效进行具体讲解。

❏ **平衡**

【平衡】音频特效是立体声音频轨道独有的音频特效，其作用在于平衡音频素材内的左右声道。在【特效控制台】面板中，调节【平衡】滑块，可以设置左右声道的效果。向右调节【平衡】滑块，推进音频均衡向右声道倾斜，向左调节，则音频均衡向左声道倾斜，如图 10-46 所示。当【平衡】音频特效的参数值为正值时，Premiere Pro CS6 将对右声道进行调整，而为负值时则会调整左声道。

图 10-46　设置【平衡】参数

❏ **使用右声道**

该音频特效仅用于立体声轨道中，功能是将右声道中的音频信号复制并替换左声道中的音频信号。

> **提 示**
>
> 与【使用右声道】音频特效相对应的是，Premiere Pro CS6 还提供了一个【使用左声道】的音频特效，两者的使用方法虽然相同，但功能完全相反。

❏ **互换声道**

利用【互换声道】音频特效，可以使立体声音频素材内的左右声道信号相互交换。由于功能的特殊性，该音频特效多用于原始音频的录制、处理过程中。

> **提 示**
>
> 【互换声道】音频特效没有参数，直接应用即可实现声道互换效果。

❏ **声道音量**

【声道音量】音频特效适用于 5.1 和立体扬音频轨道，其作用是控制音频素材内不同声道的音量大小，其参数面板如图 10-47 所示。

图 10-47　【声道音量】音频特效

10.4　高级混音技巧

混合音频是【调音台】面板的重要功能之一，该功能可以让用户实时混合不同轨道内的音频素材，从而实现单一素材无法实现的特殊音频效果。

制作混音是可以让用户将多个轨道内的音频信号发送至一个混合音频轨道内，并对该混合音频应用音频特效。在处理方式上，混音音轨与普通音轨没有什么太大的差别，输出的音频信号也会被并入主音轨内，这样便解决了为普通音轨创建相同效果时的重复操作。

10.4.1　自动化控制

在 Premiere Pro CS6 中，自动模式的设置直接影响着混合音频特效的制作是否成功。

每个音频轨的自动模式列表中，各包含了 5 种模式。

在自动模式选项列表中，不同列表选项的含义与作用如下。

❑ **关闭** 选择该选项后，Premiere Pro CS6 将会忽略当前音频轨道中的音频特效，而只按照默认设置来输出音频信号。

❑ **读取** 这是 Premiere Pro CS6 的默认选项，作用是在回放期间播放每个轨道的自动模式设置。例如，在调整某个音频素材的音量级别后，我们即能够在回放时听到差别，又能够在 VU 仪表内看到波形变化。

❑ **锁存** 【锁存】模式会保存用户对音频素材做出的调整，并将其记录在关键帧内。用户每调整一次，调节滑块的初始位置就会自动转为音频素材在进行当前编辑前的参数。在【时间轴】面板中，单击音频轨道前的【显示关键帧】下拉按钮，并执行【显示轨道关键帧】命令，即可查看 Premiere Pro CS6 自动记录的关键帧，如图 10-48 所示。

图 10-48　自动记录的关键帧

❑ **触动** 该模式与【锁存】模式相同，也是将做出的调整记录到关键帧。

❑ **写入** 【写入】模式可以立即保存用户对音频轨道所做出的调整，并且在【时间轴】面板内创建关键帧。通过这些关键帧，即可查看对音频素材的设置。

10.4.2　创建子混音轨道

为混音效果创建独立的混音轨道是编辑音频素材时的良好习惯，这样做能够使整个项目内的音频编辑工作看起来更具条理性，以便于进行修改或其他类似操作。

若要创建子混合音频轨道，只需执行【序列】|

图 10-49　设置轨道添加选项

【添加轨道】命令后，在弹出的对话框内将【音频子混合轨】选项组内的【添加】选项设置为1，如图 10-49 所示。

> **提　示**
>
> 在创建子混合音频轨道时，也可以选择创建单声道子混合音轨或者 5.1 声道子混合音轨。

在单击【添加视音轨】对话框中的【确定】按钮后，【调音台】面板内便会多出一条名为"子混合 1"的混合音频轨道，如图 10-50 所示。

创建子混合音频轨道后，即可将其他轨道内的音频信号发送至混音轨道内，如图 10-51 所示。

图 10-50　添加子混合音频轨道

10.4.3 混合音频

在了解自动模式列表内各个选项的作用后，即可开始着手进行音频素材的混音处理工作。下面介绍生成混合音效的操作方法。

要制作混合音频特效，首先需要将待合成的音频素材分别放置在不同音频轨道内，并将当前时间指示器移至音频素材的开始位置，如图10-52所示。

图 10-51　将音频信号发送至混音轨道

图 10-52　准备混音所用的音频素材

接下来，在【调音台】面板中为音频轨道选择相应的自动模式，如【写入】模式。此时，音频轨道底部将显示信号被发送到的位置。默认情况下，将音轨输出会发送到主音轨中，如图10-53所示。

> **提示**
>
> 要制作混合音频特效，【时间轴】面板内至少应当包括两个音频轨道。而根据制作需要，用户也可以将音轨输出发送到子混合音频轨道中。

图 10-53　音轨输出分配

单击【调音台】面板内的【播放】按钮▶后，即可在播放音频素材的同时对相应控件进行设置，如调整音频轨道中的素材音量，如图10-54所示。

在完成对音频轨道的设置后，单击【停止】按钮，并将【时间轴】面板内的轨道模式切换为【显示轨道关键帧】，如图10-55所示。

> **提示**
>
> 在使用【调音台】面板制作混合音效时，若要撤销某操作，可以利用【历史记录】面板恢复之前的操作记录。

完成混合音效的制作之后，将当前时间指示器移至音频素材的开始位置，并单击【播放】按钮，即可试听制作完成的混音效果。

图 10-54 调整音量

图 10-55 显示轨道关键帧

10.5 在调音台中编辑音频

除了利用音频效果调整音频素材外，Premiere Pro CS6 还可以在【调音台】面板中编辑音频素材，以得到更好的影音效果。下面介绍如何在调音台中制作出各种音频效果。

10.5.1 摇动和平衡

在为影片创建背景音乐或旁白时，根据需要用户还可为声音添加摇动或平衡效果，从而达到突出指定声道中的声音或均衡音频播放效果的目的。

1. 摇动/平衡单声道及立体声素材

与混合音频不同，为音频素材创建摇动和平衡效果时，最终效果都要依赖于正在回放的音频轨道和输出音频时的目标轨道。例如，在对某个单声道/立体声道进行摇动或平衡操作时，可将其输出目标设置为【主音轨】，并使用声道调节滑轮来调整效果，如图 10-56 所示。

图 10-56 输出到主音轨

此外，用户也可在调整音频素材的效果之后，单击【音轨输出分配】下拉按钮，选择将音频效果输出到子混合音轨内。

提 示

当为单声道或立体声道创建摇动和平衡效果之后，即可在【时间轴】面板内观察相应的关键帧效果。

2. 摇动 5.1 声道素材

在 Premiere Pro CS6 中，只有当序列的主音轨为 5.1 声道时，才能够创建 5.1 声道的摇动和平衡效果。这就要求用户在创建 Premiere Pro CS6 项目时，将【新建序列】对话框中【轨道】选项卡内的【主音轨】选项设置为 5.1，如图 10-57 所示。

由于声道类型的差异，5.1 声道【调音台】内的声道调节滑轮将被摇动/平衡托盘所代替，如图 10-58 所示。

图 10-57　设置主音轨

图 10-58　5.1 声道【调音台】内的摇动/平衡托盘

在摇动/平衡托盘中，沿着边缘分别放置了 5 个环绕声扬声器，调整时只需要将摇动/平衡托盘中心位置的黑色控制点置于不同的位置，即可产生不同的音频效果。预览时，还可以在【调音台】面板内通过主音轨下的 VU 仪表来查看其变化，如图 10-59 所示。

图 10-59　调整摇动/平衡托盘扬声器

提　示

在摇动/平衡托盘中，可以将黑色控制点移动到托盘内的任意位置。

此外，利用摇动/平衡托盘右侧的【中心百分比】旋钮，通过快速调整音频素材的中间通道。调整时，向左拖动旋钮可减小其取值，而向向右拖动旋钮则会增大其取值。完成中心百分比的取值调整后，同样可通过 VU 仪表来查看波形的变化，如图 10-60 所示即为取值分别为 0% 和 100% 时的波形效果。

提　示

当调整【中心百分比】旋钮的值时，将鼠标置于该控件之上，即可查看当前取值的大小。

图 10-60　中心百分比调整前后对比效果

10.5.2　创建特殊效果

通过认识和使用【调音台】，已经了解了显示效果与发送区域的方法，接下来，将介绍通过效果与发送区域添加各种特效效果的方法，以创建特殊效果。

1．设置和删除效果

在【调音台】面板中，所有可以使用的音频特效都来源于【效果】面板中的相应滤镜。在【调音台】面板内为相应音频轨道添加效果后，折叠面板的下方将会出现用于设置该音频特效的参数控件，如图10-61 所示。

图 10-61　音频特效的参数控制

在音频特效的参数控件中，即可通过单击参数值的方式来更改选项参数，也可通过拖动控件上的指针来更改相应的参数值。

如果需要更改音频滤镜内的其他参数，只需单击控件下方的下拉按钮后，在列表内选择所要设置的参数名称即可，如图 10-62 所示。

在应用多个音频滤镜的情况下，用户只需选择所要调整的音频特效后，控件位置处即可显示相应特效的参数调整控件。

如果需要在效果与发送区域内清除部分音频特效，只需单击相应音频特效右侧的下拉按钮后，选择【无】选项即可，如图 10-63 所示。

图 10-62　更改音频特效参数

2．绕开效果

顾名思义，绕开效果的作用就是在不删除音频特效的情况下，暂时屏蔽音频轨道内的指定音频特效。设置绕开效果时，只需在【调音台】面板内选择所要屏蔽的音频特效后，单击参数控件右上角的【绕开】按钮即可，如图 10-64 所示。

图 10-63　删除音频特效

图 10-64　绕开指定音频特效

10.6　课堂练习：超重低音效果

本例制作超重的低音音频效果。在制作的过程中，通过设置音频的入出点，调整素材的播放时间，以及添加【低通】特效，设置参数，制作出低音效果。

具体操作步骤如下。

1　启动 Premiere Pro CS6，在【新建项目】对话框中，单击【浏览】按钮，选择文件的保存位置。在【名称】栏中输入"超重低音效果"，单击【确定】按钮，如图 10-65 所示。

图 10-65　新建项目

2　在【新建序列】对话框中，选择【轨道】选项卡，设置【主音轨】为【立体声】，单击【确定】按钮，创建序列，如图 10-66 所示。

图 10-66　创建序列

3　在【项目】面板中双击空白处，弹出【导入】对话框，选择音频素材，导入【项目】面板中，如图 10-67 所示。

4　在【项目】面板中双击素材，打开【源】面板。在【源】面板中，单击【播放/停止切换】按钮 ▶，可预听音频内容，如图 10-68 所示。

图 10-67　导入素材

图 10-68　打开【源】面板

5　在【源】面板中，拖动【当前时间指示器】
　　至 00:00:14:00 处，单击【标记出点】按钮
　　，设置音频的出点，如图 10-69 所示。

图 10-69　设置出点

6　在【源】面板中，单击【插入】按钮，可将
　　素材插入【时间轴】面板的"音频 1"轨道
　　上，如图 10-70 所示。

7　再一次将音频素材插入"音频 2"轨道上，
　　使两段素材首尾对齐，如图 10-71 所示。

图 10-70　添加音频素材

图 10-71　再次添加音频素材

8　在【时间轴】面板中，右击"音频 2"轨道
　　上的音频素材，执行【重命名】命令，在弹
　　出的对话框中输入素材的新名称"低音"，
　　如图 10-72 所示。

图 10-72　重命名音频轨

9　在【效果】面板中，展开【音频特效】文件
　　夹，选择【低通】特效，添加到"视频 2"
　　轨道的音频素材上，如图 10-73 所示。

10　在【特效控制台】面板中，设置【低通】的
　　【屏蔽度】为 300。在【时间轴】面板中，
　　右击"低音"素材，执行【音频增益】命令，

在弹出的对话框中，设置【增益】为 10dB，如图 10-74 所示。在【节目】面板中，试听最终效果，完成重低音效果的制作。

图 10-74　设置参数

图 10-73　添加【低通】特效

10.7　课堂练习：制作回声效果

回音是声波折射后，与原有声音混合在一起后造成的物理现象，通常发生在山谷、密室等环境内。在 Premiere Pro CS6 中，只需利用调音台中的音频特效，即可创建出类似山谷回音的效果。

具体操作步骤如下。

1　启动 Premiere Pro CS6，在【新建项目】对话框中，单击【浏览】按钮，选择文件的保存位置。在【名称】栏中输入"回声效果"，单击【确定】按钮，如图 10-75 所示。

图 10-76　创建序列

3　在【项目】面板中双击空白处，弹出【导入】对话框，选择音频素材，导入【项目】面板中，如图 10-77 所示。

4　将"纯音乐 2.mp3"音频素材导入至当前项目后，将该素材添加至"音频 1"轨道内，如图 10-78 所示。

5　在【时间轴】面板内选择"纯音乐 2.mp3"音频素材后，在【调音台】面板内展开效果

图 10-75　新建项目

2　在【新建序列】对话框中，选择【轨道】选项卡，将视频轨道的数量设置为 1 后，设置【主音轨】为【立体声】，单击【确定】按钮，创建序列，如图 10-76 所示。

与发送区域。然后，在"音频 1"轨道对应的效果列表内单击任意一个【效果选择】下拉列表，并选择【多功能延迟】选项，如图 10-79 所示。

图 10-77　导入素材

图 10-78　插入音频素材

图 10-79　添加音频特效

注　意

如果为音频素材添加【延迟】音频特效，也可以实现回声，但该音频特效仅能产生一次回声效果。

6　添加音频特效后，在该音频特效对应的参数

控件中，将【延迟 1】的参数设置为"1 秒"，如图 10-80 所示。

图 10-80　整音频特效参数

7　在【多功能延迟】音频特效参数控件内单击参数列表下拉按钮后，选择【反馈 1】选项，并将该参数值设置为 10%，如图 10-81 所示。

图 10-81　调整【反馈 1】选项的参数值

8　按照上述方法，将【多功能延迟】音频特效的【混合】选项参数值设置为 60%，如图 10-82 所示。

图 10-82　调整【混合】选项参数值

⑨ 接下来，依次将【延迟2】、【延迟3】和【延迟4】的参数设置为"1.5秒"、"1.8秒"和"2秒"，如图10-83所示。

图10-83 设置音频特效的其他参数

⑩ 将【音频1】轨道的音量调节按钮移至1的位置，如图10-84所示。完成后，即可在【节目】面板内预览回音效果。

图10-84 调整音频轨道的音量

10.8 课堂练习：制作双音效果

本例制作左右声道各自播放的双音效果。在制作的过程中，通过使用【音频特效】中的【使用左声道】和【使用右声道】特效，将音频调节为左右声道。再为音频添加【平衡】特效，完整左右声道效果的制作。

具体操作步骤如下。

① 启动 Premiere Pro CS6，在【新建项目】对话框中，单击【浏览】按钮，选择文件的保存位置。在【名称】栏中，输入"双音效果"，单击【确定】按钮，新建项目，如图10-85所示。

图10-85 新建项目

② 在【项目】面板中双击空白处，弹出【导入】对话框，选择音频素材，导入【项目】面板中，如图10-86所示。

图10-86 导入素材

③ 在【项目】面板中双击素材"纯音乐1.mp3"，打开【源】面板。在【源】面板中，拖动【当前时间指示器】至 00:00:14:00 处，单击【标记出点】按钮 ，设置音频的出点，如图10-87所示。

图 10-87 标记出点

4 在【项目】面板中双击素材"纯音乐 3.mp3"，打开【源】面板。在【源】面板中。在相同位置处单击【标记出点】按钮 ┃，设置音频的出点，如图 10-88 所示。

图 10-88 标记出点

5 将"纯音乐 1.mp3"添加到"音频 1"轨道上，将"纯音乐 3.mp3"添加到"音频 2"轨道上，如图 10-89 所示。

图 10-89 插入素材

6 在【效果】面板中，展开【音频特效】文件夹，选择【使用左声道】特效，添加到"音频 1"轨道上的"纯音乐 1.mp3"上，如图 10-90 所示。

图 10-90 添加【使用左声道】特效

7 继续在【效果】面板中，选择【平衡】音频特效，添加到"纯音乐 1.mp3"上。在【特效控制台】面板中，设置【平衡】为−100，如图 10-91 所示。

图 10-91 添加【平衡】特效

8 在【效果】面板中，选择【使用右声道】音频特效，添加到"音频 2"轨道的"纯音乐 3.mp3"素材上，如图 10-92 所示。

图 10-92 添加【使用右声道】特效

9 为"纯音乐 3.mp3"添加【平衡】音频特效，在【特效控制台】面板中，设置【平衡】为

100，如图 10-93 所示。

10 在【节目】面板中，试听音频效果，可以听到左右生动各自播放不同的音频。保存文件，完成左右声道各自播放的效果的制作。

图 10-93 添加【平衡】特效

10.9 思考与练习

一、填空题

1. 声音通过物体振动所产生，正在发声的物体被称为_____。

2. 在默认情况下，Premiere Pro CS6 项目文件会采用音频采样率作为音频素材单位，用户可根据需要将其修改为_____。

3. 为音频素材添加_____的作用是为了让音频素材间的连接更为自然、融洽，从而提高影片的整体质量。

4. 在【调音台】面板中，自动模式控件对音频的调节作用主要分为调节音频素材和调节_____两种方式。

5. 在【调音台】面板的效果与发送区域中，所有可供使用的音频特效都来源于【_____】面板中的相应滤镜。

二、选择题

1. 当声音只由一种频率的声波所组成时，声源所发出的声音便称为_____。
   - A. 自然音
   - B. 纯音
   - C. 复合音
   - D. 噪音

2. 在 Premiere Pro CS6 中，音频素材应当使用_____或音频采样率来作为显示单位。
   - A. 毫秒
   - B. 秒
   - C. 帧

   - D. Hz

3. 下列关于调整音频素材持续时间的选项中，描述错误的是_____。
   - A. 音频素材的持续时间是指音频素材的播放长度
   - B. 调整音频素材的播放速度可起到改变素材持续时间的作用
   - C. 执行【素材】|【速度/持续时间】命令后，可直接修改所选素材的持续时间
   - D. 可通过鼠标拖动素材端点的方式减少或增加素材的持续时间

4. 在下列选项中，默认情况下不会显示的是_____。
   - A. 效果与发送区域
   - B. 轨道控制按钮
   - C. 主音量控制器
   - D. 音量控制器

5. 下列关于绕开效果的描述中，正确的是_____。
   - A. 绕开效果的作用是从混合音频内隐藏当前音频素材的影响
   - B. 绕开效果的作用是暂时隐藏音频特效对音频素材的影响
   - C. 绕开效果的作用是删除音频素材中的指定音频特效
   - D. 绕开效果与音频特效无关

三、问答题

1. 简述声音三要素。

2．简述对音频素材进行增益、淡化和均衡的作用。

3．为音频素材添加音频过渡的方法有哪些？

4．什么是混音？简单介绍在 Premiere Pro CS6 内混合音频的操作方法。

5．摇动立体声素材和摇动 5.1 声道素材的差别是什么？

四、上机练习

1．快速分离素材的音频与视频部分

Premiere Pro CS6 提供的音频素材提取功能虽然强大，但很多时候用户只需要进行简单的操作，即可将音频部分从整个素材剪辑内独立出来。例如，素材剪辑内的音频与视频部分之间存在一定的关联，而只要解除它们之间的相互关联，并删除素材中的视频部分，即可对素材剪辑中的音频部分进行单独操作。

操作时，只需在【时间轴】面板内右击素材后，执行【解除视音频链接】命令，即可删除素材剪辑在视频轨道中的素材内容，如图 10-94 所示。

图 10-94　解除素材中的视音频链接关系

2．为音频素材添加【恒定功率】音频过渡特效

在编辑影片素材时，直接添加源音频素材，播放时音频的出现会显得突兀，Premiere Pro CS6 提供了 3 个音频过渡特效，可以有效解决这个问题。其中，【恒定功率】音频转场可以使音频素材以逐渐减弱的方式过渡到下一个音频素材；【恒定增益】音频转场则能够让音频素材以逐渐增强的方式进行过渡。

要为素材添加【恒定功率】音频过渡特效，在【效果】面板中展开【音频过渡】文件夹，选择【恒定功率】特效，拖入到【时间轴】面板的素材的结束位置，如图 10-95 所示。

图 10-95　添加【音频功率】特效

添加完后，在【特效控制台】面板中，设置其【持续时间】为 3 秒，完成【恒定增益】参数的设置，如图 10-96 所示。

图 10-96　设置持续时间

第 11 章

输出影片剪辑

　　视频剪辑项目制作完成后，输出影片，并将其刻录成光盘，可以长时间地保存视频文件。Premiere Pro CS6 在视频输出方面具有强大的功能，能输出 AVI、WMV 等格式的文件，还可以通过 Media Encoder 转换视频格式，以便使用主流媒体播放器来欣赏这些完成的影片剪辑。本章就学习输出不同格式的影片参数，以及制作 DVD 光盘的方法。

本章学习要点：

➢ 影片输出设置
➢ 常见视频格式输出参数
➢ 导出为交换文件

在完成整个影视项目的编辑操作后，便可以将项目内所用到的各种素材整合在一起输出为一个独立的、可直接播放的视频文件。不过，在进行此类操作之前，还需要对影片输出时的各项参数进行设置，接下来对其设置方法进行介绍。

11.1.1　影片输出的基本流程

完成 Premiere Pro CS6 影视项目的各项编辑操作后，在主界面内执行【文件】|【导出】|【媒体】命令（快捷键 Ctrl+M），将弹出【导出设置】对话框。在该对话框中，我们可以对视频文件的最终尺寸、文件格式和编辑方式等一系列内容进行设置，如图 11-1 所示。

图 11-1　【导出设置】对话框

【导出设置】对话框的左半部分为视频预览区域，右半部分为参数设置区域。在左半部分的视频预览区域中，可分别在【源】和【输出】选项卡内查看到项目的最终编辑画面和最终输出为视频文件后的画面。在视频预览区域的底部，调整滑杆上方的滑块可控制当前画面在整个影片中的位置，而调整滑杆下方的两个"三角"滑块则能够控制导出时的入点与出点，从而起到控制导出影片持续时间的作用，如图 11-2 所示。

图 11-2　调整导出影片的持续时间

与此同时，在【源】选项卡中单击【裁剪】按钮后，还可在预览区域内通过拖动锚点，或在【裁剪】按钮右侧直接调整相应参数的方法，更改画面的输出范围，如图 11-3 所示。

完成此项操作后，切换至【输出】选项卡，即可在【输出】选项卡内查看到调整结果，如图 11-4 所示。

图 11-3 调整导出影片的画面输出范围

图 11-4 预览导出影片的画面输出

> **提 示**
>
> 当影片的原始画面比例与输出比例不匹配时，影片的输出结果画面内便会出现黑边。

11.1.2 选择视频文件输出格式与输出方案

在完成对导出影片持续时间和画面范围的设定后，在【导出设置】对话框中，通过【格式】选项可用于确定导出影片的文件类型，如图 11-5 所示。

根据导出影片格式的不同，用户还可以在【预置】下拉列表中，选择一种 Premiere Pro CS6 之前设置好参数的预设导出方案，完成后即可在【导出设置】选项组内的【摘要】区域内查看部分导出设置内容，如图 11-6 所示。

图 11-5 设定影片的输出类型

图 11-6 选择影片输出方案

11.2　设置常见视频格式的输出参数

现阶段，视频文件的格式众多，在输出不同类型视频文件时的设置方法也不相同。因此，当用户在【导出设置】选项组内选择不同的输出文件类型后，Premiere Pro CS6便会根据所选文件类型的不同，调整不同的视频输出选项，以便用户更为快捷地进行编辑工作。

11.2.1　输出 AVI 文件

若要将视频编辑项目输出为 AVI 格式的视频文件，只需在【格式】下拉列表中选择【Microsoft AVI】。此时，相应的视频输出设置选项如图 11-7所示。

在上面所展示的 AVI 文件输出选项中，并不是所有的参数都需要调整。通常情况下，需要调整部分的选项功能和含义如下。

❑　视频编解码器

在输出视频文件时，压缩程序或者编解码器（压缩/解压缩）决定了计算机该如何准确地重构或者剔除数据，从而尽可能地缩小数字视频文件的体积。

❑　场类型

该选项决定了所创建视频文件在播放时的扫描方式，即采用隔行扫描式的"上场优先"、"下场优先"，还是采用逐行扫描进行播放的"逐行"。

图 11-7　AVI 文件输出选项参数设置

11.2.2　输出 WMV 文件

WMV 是由微软推出的视频文件格式，由于具有支持流媒体的特性，因此也是较为常用的视频文件格式之一。在 Premiere Pro CS6 中，若要输出 WMV 格式的视频文件，首先应将【格式】设置为 Windows Media 选项，此时其视频输出设置选项如图 11-8 所示。

❑　1 次编码时的参数设置

1 次编码是指在渲染 WMV 时，编解码器只对视频画面进行 1 次编码分析，优点是速度快，缺点是通常无法获得最为优化的编码设置。当

图 11-8　WMV 文件输出选项参数设置

选择 1 次编码时，【比特率模式】会提供【固定】和【可变品质】两种设置项供用户选择。其中，【固定】模式是指整部影片从头至尾采用相同的比特率设置，优点是编码方式简单，文件渲染速度较快。

至于【可变品质】模式，则在渲染视频文件时，允许 Premiere Pro CS6 根据视频画面的内容来随时调整编码比特率。这样一来，便可以在画面简单时采用低比特率进行渲染，从而降低视频文件的体积；在画面复杂时采用高比特率进行渲染，从而提高视频文件的画面质量。

❑ **2 次编码时的参数设置**

与 1 次编码相比，2 次编码的优势在于能够通过第 1 次编码时所采集到的视频信息，在第 2 次编码时调整和优化编码设置，从而以最佳的编码设置来渲染视频文件。

在使用 2 次编码渲染视频文件时，比特率模式将包含【CBR，1 次】、【VBR，1 次】、【CBR，2 次】、【VBR，2 次约束】与【VBR，2 次无约束】5 种不同模式，如图 11-9 所示。

图 11-9　2 次编码时的选项

● 11.2.3　输出 MPEG 文件

作为业内最为重要的一种视频编码技术，MPEG 为多个领域、不同需求的使用者提供了多种样式的编码方式。接下来，以目前最为流行的 MPEG 2 Blue-ray 为例，简单介绍 MPEG 文件的输出设置。

在【导出设置】选项组中，将【格式】设置为 MPEG 4 后，其视频设置选项如图 11-10 所示。

在上面的选项面板中，部分常用选项的功能及含义如下。

❑ **帧尺寸（像素）**

设定画面尺寸，预置有 720×576、1280×720、1440×1080 和 1920×1080 四种尺寸供用户选择。

❑ **比特率编码**

此外，根据所采用编码方式的不同，编码时所采用比特率的设置方式也有所差别。

图 11-10　MPEG 4 视频输出设置选项

确定比特率的编码方式，共包括 CBR、VBR 1 次和 VBR 2 次三种模式。其中，CBR 指固定比特率编码，VBR 指可变比特率编码方式。

❑ **比特率**

仅当【比特率编码】选项为 CBR 时出现，用于确定固定比特率编码所采用的比特率。

❑ **最小比特率**

仅当【比特率编码】选项为 VBR 1 次或 VBR 2 次时出现,用于在可变比特率范围内限制比特率的最低值。

❑ **目标比特率**

仅当【比特率编码】选项为 VBR 1 次或 VBR 2 次时出现,用于在可变比特率范围内限制比特率的参考基准值。也就是说,多数情况下 Premiere Pro CS6 会该选项所设定的比特率进行编码。

❑ **最大比特率**

该选项与【最小比特率】选项相对应,作用是设定比特率所采用的最大值。

11.3　导出为交换文件

现如今,一档高品质的影视节目往往需要多个软件共同协作才能完成。为此,Premiere Pro CS6 在为用户提供强大的视频编辑功能的同时,还提供了输出多种交换文件的功能,以便用户能够方便地将 Premiere Pro CS6 编辑操作的结果导入至其他非线性编辑软件内,从而在多款软件协同编辑后获得高质量的影音播放效果。

11.3.1　输出 EDL 文件

EDL(Edit Decision List)是一种广泛应用于视频编辑领域的编辑交换文件,其作用是记录用户对素材的各种编辑操作。这样一来,用户便可在所有支持 EDL 文件的编辑软件内共享编辑项目,或通过替换素材来实现影视节目的快速编辑与输出。

1. EDL 文件的基础知识

EDL 最初源自于线性编辑系统的离线编辑操作,这是一种用源素材拷贝替代源素材进行初次编辑,而在成品编辑时使用源素材进行输出,从而保证影片输出质量的编辑方法。在非线性编辑系统中,离线编辑的目的不再是为了降低素材的磨损,而是通过使用高压缩率、低质量的素材提高初次编辑的效率,并在成品输出替换为高质量的素材,以保证影片的输出质量。为了完成这一目的,非线性编辑软件需要将初次编辑时的各种编辑操作记录在一种被称为 EDL 的文本类型文件内,以便在成品编辑时快速确立编辑位置与编辑操作,提高编辑速度。

不过,EDL 文件在非性线编辑系统内的使用仍有一些限制。以下是一些经常会出现的两种问题及其解决方法。

❑ **部分轨道的编辑信息丢失**

EDL 文件在存储时只保留了 2 轨的初步信息,因此在用到 2 轨以上的视频时,2 轨以上的视频信息便会丢失。要解决此问题,只能在初次编辑时将视频素材尽量安排在 2 轨以内,以便 EDL 文件所记录的信息尽可能的全面。

❑ 部分内容的播放效果与初次编辑不符

当初次编辑内包含多种特效与转场效果时，EDL 文件将无法准确记录这些编辑操作。例如，在初次编辑时为素材添加慢动作，并在每个素材间添加叠化效果后，编辑软件会在成品编辑时从叠化部分将素材切断，从而形成自己的长度，最终造成镜头跳点和混乱的情况。

要解决此问题，只能是在保留叠化所切断素材片段的基础上，分别从叠化部分的前后切点处向外拖动素材，直至形成原来的素材长度，恢复序列的原貌。

2．输出 EDL 文件

在 Premiere Pro CS6 中，输出 EDL 文件变得极为简单，用户只需在主界面内执行【文件】|【导出】|【输出到 EDL】命令后，即弹出【EDL 输出设置】对话框，如图 11-11 所示。

在【EDL 输出设置】对话框中，调整 EDL 所要记录的信息范围后，单击【确定】按钮，即可在弹出对话框内保存 EDL 文件。

图 11-11　【EDL 输出设置】对话框

11.3.2　输出 OMF 文件

OMF（Open Media Framework）最初是由 Avid 推出的一种音频封装格式，能够被多种专业的音频编辑与处理软件所读取。在 Premiere Pro CS6 中，执行【文件】|【导出】|【输出为 OMF】命令后，弹出【OMF 导出设置】对话框，如图 11-12 所示。

根据应用需求，对【OMF 导出设置】对话框内的各项参数进行相应调整后，单击【确定】按钮，即可在弹出对话框内保存 OMF 文件。

图 11-12　【OMF 导出设置】对话框

11.4　课堂练习：输出视频文件

对于零碎的视频片段，要想将其整合在一起，则需要在 Premiere Pro CS6 中进行整合。而 Premiere Pro CS6 创建的文件并不能直接在视频播放器中进行播放，这就需要将 Premiere Pro CS6 文件输出为视频文件。

具体操作步骤如下。

1　启动 Premiere Pro CS6，在【新建项目】对话框中，单击【浏览】按钮，选择文件的保存位置。在【名称】栏中输入"风中的小野花"，单击【确定】按钮，如图 11-13 所示。

2　在【项目】面板中双击空白处，弹出【导入】对话框，选择视频素材，并将其导入【项目】面板中，如图 11-14 所示。

图 11-14　导入素材

3 选中【时间轴】面板中的"视频 1"轨道，并在【项目】面板中同时选中导入的两个视频素材。按逗号将其同时插入"视频 1"轨道中，如图 11-15 所示。

图 11-15　插入视频

4 单击【项目】面板底部的【新建分项】按钮 🔳，执行【调整图层】命令创建调整图层。将其插入【时间轴】面板的"视频 2"轨道中，并设置其持续时间与"视频 1"轨道中的视频相等，如图 11-16 所示。

5 将【效果】面板中的【视频特效】|【色彩校正】|【色彩平衡】特效，添加至调整图层中，并在【特效控制台】面板中设置参数，

调整视频画面色彩，如图 11-17 所示。

图 11-16　创建调整图层

图 11-17　调整画面色彩

6 选择【效果】面板中的【视频切换】|【三维运动】|【翻转】特效，并将其拖曳至时间轴"视频 1"轨道中的两素材之间，为其添加转场特效，如图 11-18 所示。

图 11-18　添加转场特效

7 执行【文件】|【导出】|【媒体】命令（快捷键 Ctrl+M），弹出【导出设置】对话框。单击对话框右侧【输出名称】选项的"序列 01.avi"，设置视频输出位置与名称，如图 11-19 所示。

图 11-19 【导出设置】对话框

⑧ 在【导出设置】对话框左侧，调整滑杆下方的两个三角滑块就能控制导出时的入点与出点，如图 11-20 所示。

图 11-20 设置视频入点与出点

⑨ 单击【导出设置】对话框中的【导出】按钮

[导出]，即可将 Premiere Pro CS6 文件输出为视频文件，如图 11-21 所示。

图 11-21 导出视频文件

11.5 课堂练习：输出定格效果

本例输出定格画面效果。在影视作品中，经常会看到正在播放的画面突然静止，停留一段时间后继续播放，这就是定格画面效果。本例通过学习输出单帧图片，制作画面定格效果，如图 11-22 所示。

图 11-22　定格视频效果

具体操作步骤如下。

1 启动 Premiere Pro CS6，在【新建项目】对
话框中，单击【浏览】按钮，选择文件的保
存位置。在【名称】栏中输入"定格效果"，
单击【确定】按钮，如图 11-23 所示。

图 11-23　创建项目

2 在【项目】面板中双击空白处，弹出【导入】
对话框，选择视频素材，并将其导入【项目】
面板中，如图 11-24 所示。

图 11-24　导入素材

3 将视频素材插入【时间轴】面板的"视频 1"
轨道中后，拖动【当前时间指示器】至
00:00:00:22，执行【文件】|【导出】|【媒
体】命令，弹出【导出设置】对话框，如图
11-25 所示。

图 11-25　【导出设置】对话框

4 在【当前时间指示器】左右设置出入点后，
设置【导出设置】选项组中【格式】为 Targa，
【输出名称】为"静止 A"。单击【导出】按
钮，导出静止图像，如图 11-26 所示。

5 将 00:00:00:22 时间点上的静止图像导入
【项目】面板中，选择工具箱中的【剃刀工
具】，在该位置进行将素材分割，如图
11-27 所示。

图 11-26　导出静止图像

图 11-27　分割视频

6　使用【选择工具】将分割后的第二段视频向后拖动，将静止图像插入这两段视频之间，如图 11-28 所示。

图 11-28　插入静止图像

7　右击静止图像，执行【速度/持续时间】命令，在【素材速度/持续时间】对话框中设置【持续时间】为 00:00:02:00。然后将素材之间首尾相接，如图 11-29 所示。

图 11-29　设置图像持续时间

8　选中【效果】面板中的【视频特效】|【调整】|【照明效果】特效，将其添加至【时间轴】面板中的静止图像上，如图 11-30 所示。

图 11-30　添加【照明效果】特效

9　在【特效控制台】面板中，依次设置【光照效果】特效中的【环境照明色】【环境照明强度】【表面质感】和【曝光度】选项，如图 11-31 所示。

图 11-31　设置光照颜色与强度

10　展开【光照 1】选项组，依次设置其中的【中心】、【主要半径】、【次要半径】、【角度】、【强度】和【聚焦】选项，如图 11-32 所示。

图 11-32 设置【光照 1】选项组

11 拖动【当前时间指示器】至 00:00:04:14 处，执行【文件】|【导出】|【媒体】命令。在【当前时间指示器】左右设置出入点后，设置【导出设置】选项组中的【格式】为 Targa，【输出名称】为"静止 B"。单击【导出】按钮，导出静止图像，如图 11-33 所示。

图 11-33 导出静止图像

12 使用【剃刀工具】 ，在 00:00:04:14 处将素材进行分割。将该位置的静止图像导入【项目】面板后，将其插入该位置。然后设置其持续时间为 00:00:02:00，如图 11-34 所示。

图 11-34 分割视频并插入图像

13 在【特效控制台】面板中右击图像"静止 A3.tga"的【光照效果】特效，执行【复制】命令。选中【时间轴】面板中的图像"静止 B5.tga"，在【特效控制台】面板中右击，执行【粘贴】命令，如图 11-35 所示。

图 11-35 复制【光照效果】特效

14 结合【节目】监视器面板，在【特效控制台】面板中设置【光照 1】选项组中的各个选项，如图 11-36 所示。

图 11-36 设置【光照 1】选项组

15 完成设置后，执行【文件】|【导出】|【媒体】命令，弹出【导出设置】对话框。设置【格式】为 Microsoft AVI，【输出名称】为"宝宝定格效果.avi"，单击【导出】按钮 导出 ，即可在本地磁盘中查看该视频效果，如图 11-37 所示。

图 11-37　导出视频

11.6　思考与练习

一、填空题

1. 在【导出设置】对话框中，左半部分为_____区域，右半部分为输出参数设置区域。

2. 在【导出设置】对话框的左下角处，调整滑杆下方的两个三角滑块能够控制输出影片时的_____。

3. 在输出 AVI 格式的视频文件时，【场类型】选项用于设置视频文件的扫描方式，即确定视频文件在播放时采用隔行扫描还是采用_____扫描。

4. _____是由微软推出的视频文件格式，由于其具有支持流媒体的特性，因此也是较为常用的视频文件格式之一。

5. Premiere Pro CS6 允许用户将影视节目编辑操作输出为 EDL 或_____格式的交换文件，以便与其他影视编辑与制作软件协同完成节目的制作。

二、选择题

1. 在输出 WMV 格式的视频文件时，若要获得视频质量与体积的最佳搭配，应当在编码时选择下列哪种选项组合？_____。
    A. VBR，1 次
    B. CBR，1 次
    C. VBR，2 次约束
    D. VBR，2 次无约束

2. Premiere Pro CS6 能够输出的 MPEG 类媒体文件包括_____。
    A. MPEG 4
    B. MPEG 7
    C. MPEG 2
    D. MPEG 1

3. 在下列选项中，Premiere Pro CS6 无法直接输出_____类型的媒体文件格式。
    A. AVI
    B. WMV
    C. RM/RMVB
    D. FLV

4.【导出设置】对话框左侧下方的【源范围】的默认选项是_____。
    A. 整个序列
    B. 工作范围
    C. 序列切入/序列切出
    D. 自定

5. Premiere Pro CS6 可将项目输出为_____类型的交换文件。
    A. EDL 和 OMF
    B. EDL 和 XMP
    C. XMP 和 OMF
    D. AAF 和 XMP

三、问答题

1. Premiere Pro CS6 输出媒体文件的大致流程是什么？

2. 简单介绍输出 AVI 文件时需要进行的设置。

3. 简单介绍输出 WMV 文件时需要进行的设置。

4. 在【导出设置】对话框中如何更改导出视频的保存位置？

5. 在非线性视频编辑领域中，交换文件的作用是什么？Premiere Pro CS6 支持导出哪些类型的交换文件？

四、上机练习

1. 自定义影片输出方案

在设置影片输出设置时，每当用户调整所要输出的文件格式后，Premiere Pro CS6 都会在【导出设置】选项组的【预置】下拉列表内自动显示相关的预设列表。多数情况下，Premiere Pro CS6 所提供的这些预设可以满足用户绝大多数情况下的输出任务。即便如此，Premiere Pro CS6 还为用户提供了自定义预设方案的功能，以便 Premiere Pro CS6 能够按照特定的输出方案进行音视频文件的输出。

当用户根据应用需求而调整某种预设的输出设置后，【预置】下拉列表框内的选项都会变为【自定义】。此时，用户可将【注释】文本框中的内容修改为易于标识的内容，并单击【预置】列表框右侧的【保存预置】按钮。然后，在弹出的对话框内设置预设方案的名称及其他相关选项，如图 11-38 所示。

图 11-38　保存自定义预设输出方案

2. 导入影片输出预设方案

在【导出设置】对话框中，单击【导出设置】选项组内的【导入设置】按钮后，即可在弹出对话框内选择所要导入的预设方案文件，如图 11-39 所示。

图 11-39　选择预设方案文件

接下来，用户便可在弹出对话框内为刚刚导入的预设输出方案设置新的名称。完成后，单击【选择名称】对话框内的【确定】按钮，即可使用刚刚导入的预设方案输出视频文件了，如图 11-40 所示。

图 11-40　导入预设输出方案

第 12 章

综合实例

　　本章使用 Premiere Pro CS6 制作综合实例。在本章中，制作的是婚礼视频和宝宝成长的电子相册。婚庆类的片子，色彩要鲜艳，在制作时，注意色调的调整。而儿童类的片子则需要明快的色彩。第一个案例，通过调整视频素材的整体色调，添加炫丽的过渡效果，制作快慢镜头等，表现浪漫婚礼的氛围。第二个案例通过利用静态图片，添加遮罩和关键帧，以动态的形式展现出静态图片，表现宝宝的快乐童年。

12.1 浪漫的婚礼

在制作过程中，主要通过【色彩校正】调整视频素材的整体色调，呈现朦胧感，再添加遮罩素材作为装饰，增加浪漫的气息。设置素材的【速度/持续时间】，制作快慢镜头效果，使画面有主次感。最后，导出静帧图片，制作画面的定格效果，完成浪漫婚礼的制作，如图 12-1 所示。

图 12-1　浪漫的婚礼

12.1.1　制作片头

本节制作婚礼的片头部分，主要通过学习创建字幕，设置字幕样式，作为婚礼片头的开场。再设置其背景的【透明度】关键帧，修饰文字，完成片头的制作。具体操作步骤如下。

1　启动 Premiere Pro CS6，在【新建项目】对话框中，单击【浏览】按钮，选择文件的保存位置。在【名称】栏中输入"浪漫的婚礼"，单击【确定】按钮，如图 12-2 所示。

提　示

在弹出的【新建序列】对话框中，选择"标准48kHz"，单击【确定】按钮，创建序列。

2　在【项目】面板中双击空白处，弹出【导入】文件夹，选择素材文件夹导入【项目】面板中，如图 12-3 所示。

图 12-2　新建项目

图 12-3　导入素材文件夹

3 展开【遮罩素材】文件夹，选择素材 0.avi，添加到【时间轴】面板的"视频 1"轨道上，如图 12-4 所示。

图 12-4　插入素材

4 将【项目】面板中【遮罩素材】文件夹中的素材 1.avi 插入"视频 1"轨道上，并衔接上一个视频，如图 12-5 所示。

图 12-5　插入素材

5 拖动【当前时间指示器】至 00:00:22:06 处，将素材 5.avi 添加到"视频 2"轨道上，如图 12-6 所示。

图 12-6　插入素材

6 在【特效控制台】面板中，设置素材 5.avi 的【位置】参数为（355.6，93.6），如图 12-7 所示。

图 12-7　设置显示位置

7 在【时间轴】面板中，右击素材 5.avi，执行【速度/持续时间】命令，设置其【持续时间】为 5 秒，如图 12-8 所示。

技 巧

【速度】选项与【持续时间】选项相比，后者更为精确。

图 12-8 设置【速度/持续时间】

8　执行【字幕】|【新建字幕】|【默认静态字幕】命令，新建字幕。设置【字号】为 100，【字体】为 Giddyup Std，如图 12-9 所示。

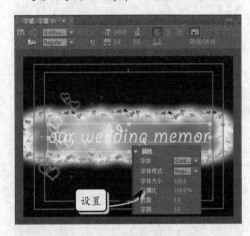

图 12-9 设置字体属性

9　在【字幕样式】面板中，右击 Hobo Medium Gold 58 样式，执行【仅应用样式颜色】命令，如图 12-10 所示。

图 12-10 应用样式颜色

10　将字幕 01 添加到"视频 3"轨道上，使其和素材 5.avi 首尾对齐。在【特效控制台】面板中，添加【透明度】关键帧，如图 12-11 所示。

图 12-11 添加【透明度】关键帧

提　示

按照字幕 01 的【透明度】关键帧创建方法，创建素材 5.avi 的透明度动画。

12.1.2　制作婚礼主题

本节制作婚礼进行的部分，也是整个浪漫婚礼片子的重要部分。主要通过调整视频素材的色调，制作浪漫的感觉，再添加遮罩素材作为修饰，完成浪漫婚礼的制作。

1　在【项目】面板中，展开【视频素材】文件夹，选择素材 0.mp4，插入到"视频 1"轨道上，如图 12-12 所示。

2　在【效果】面板中，双击【视频特效】|【杂波与颗粒】|【灰尘与划痕】特效，添加到视频素材上，如图 12-13 所示。

3　在【特效控制台】面板中，展开【灰尘与划痕】特效，设置【半径】参数，并添加关键帧，如图 12-14 所示。

图 12-12　插入素材

图 12-13　添加【灰尘与划痕】特效

图 12-14　添加【半径】关键帧

4　在【效果】面板中，双击【视频特效】|【模糊和锐化】|【残像】特效，添加到该素材上，如图 12-15 所示。

5　选择【色阶】视频特效，添加到该素材上，在【特效控制台】面板中设置参数，如图 12-16 所示。

6　在【效果】面板中，双击【视频特效】|【色彩校正】|【色彩平衡】特效，添加到该素材上。在【特效控制台】面板中设置参数，如图 12-17 所示。

图 12-15　添加【残像】视频特效

图 12-16　设置【色阶】参数

7　再为该素材添加【颜色校正】|【RGB 曲线】特效。在【特效控制台】面板中调整不同通道的曲线，如图 12-18 所示。

8　在【时间轴】面板中，右击任意轨道，执行【添加轨道】命令，添加一个视音频轨"视频 4"轨道，将素材 6.avi 拖至该轨道上，如图 12-19 所示。

图 12-17 设置【色彩平衡】参数

图 12-18 设置【RGB 曲线】参数

图 12-19 插入素材

9 双击【视频特效】|【键控】|【亮度键】特效，即可隐藏视频 6.avi 中的黑色区域，显示其下方的视频画面，如图 12-20 所示。

提示

这里添加的【亮度键】特效，其默认参数即可满足抠图效果。

图 12-20 添加【亮度键】特效

10 拖动【当前时间指示器】至 00:00:34:09 处，将素材 2.mp4 添加到"视频 1"轨道上。为其添加【重影】特效，参数为默认，如图 12-21 所示。

图 12-21 添加【重影】特效

11 拖动【当前时间指示器】至 00:00:30:19 处，将素材 1.avi 添加到"视频 3"轨道上，将素材 3.avi 添加到"视频 2"轨道上，如图 12-22 所示。

这里添加的遮罩视频，其播放位置并不一定要非常精确，只要能够衔接下方的两段视频即可。

12 分别为素材 1.avi 与 3.avi 添加【亮度键】视频特效，使其隐藏画面中的黑色区域，显示其下方的视频画面，如图 12-23 所示。

图 12-22　添加遮罩视频

图 12-23　添加【亮度键】特效

13 将素材 3.mp4 添加到"视频 1"轨道上。为其添加【调整】|【照明效果】特效，设置【灯光类型】为【平行光】，【灯光颜色】为 #EAE7AF，如图 12-24 所示。

当添加婚礼视频时，注意其播放时间要与前一个视频相连接，否则会出现断层现象。

14 再为其添加【色彩平衡】特效，在【特效控制台】面板中设置参数，如图 12-25 所示。

15 使用【剃刀工具】 ，将素材 2.mp4 和 3.mp4 分割为三段。将其交叉放置，形成交叉播放的效果，如图 12-26 所示。

图 12-24　设置【照明效果】参数

图 12-25　设置【色彩平衡】特效

在进行交叉放置时，首先将右侧视频片段向右拖动。然后将【当前时间指示器】拖至空白区域，这样才能够将视频粘贴至预期的位置。

16 拖动【当前时间指示器】至 00:00:42:18 位置处，使用【剃刀工具】 将素材分割，并将分割后剩余的后半部分素材全部删除，如图 12-27 所示。

图 12-26　分割素材

图 12-27　删除部分视频

17　将素材"4.mp4"添加到"视频 1"轨道上。添加【颜色校正】|【亮度曲线】特效后，在【特效控制台】面板中，调整【亮度波形】曲线，如图 12-28 所示。

18　再为其添加【色阶】特效，在【特效控制台】面板中设置参数，如图 12-29 所示。

19　再为其添加【色彩平衡】特效，并且在【特效控制台】面板中设置参数，如图 12-30 所示。

20　将遮罩素材 2.avi 添加到"视频 2"轨道上，并且添加【亮度键】特效，如图 12-31 所示。

图 12-28　调整【亮度曲线】

图 12-29　设置【色阶】参数

图 12-30　设置【色彩平衡】参数

图 12-31　添加遮罩视频

21 在【特效控制台】面板中，设置【运动】选项组中的【缩放】选项为 85。设置【素材速度/持续时间】对话框中的【速度】为 200%，如图 12-32 所示。

图 12-32　设置尺寸与播放速度

22 将视频素材 5.avi 添加到"视频 1"轨道上。复制上一素材的【照明效果】、【色阶】与【亮度曲线】特效，如图 12-33 所示。

图 12-33　复制特效

23 在 00:00:44:16 处，使用【剃刀工具】将素材 5.mp4 分割。在 00:00:46:00 处，再将素材分割，设置中间部分素材的【速度】为 30%，如图 12-34 所示。

图 12-34　设置【速度/持续时间】

24 按照上述方法，添加素材 6.mp4，复制相同的视频特效。再分割素材，设置【速度/持续时间】均为 30%，制作快慢镜头，如图 12-35 所示。

图 12-35　设置【速度/持续时间】

25 在 00:00:42:18 处，将素材 7.avi 添加到"视频 3"轨道上，并为其添加【亮度键】特效，如图 12-36 所示。

26 将遮罩素材 7.avi 添加至"视频 2"轨道中，紧接素材 2.avi。然后为其添加【亮度键】特效，如图 12-37 所示。

27 将素材 7.mp4 添加到"视频 1"轨道上。在
【特效控制台】面板中,设置【灯光类型】
为【平行光】,【中心】为(406.6,280.1),
【强度】为 15,如图 12-38 所示。

图 12-36　添加遮罩视频

图 12-37　添加遮罩视频

图 12-38　设置【照明效果】参数

28 再为其添加【色阶】特效,在【特效控制台】
面板中,设置各个选项参数如图 12-39 所示。

图 12-39　设置【色阶】参数

29 在"视频 3"轨道上添加素材 2.avi,在"视
频 4"轨道上添加素材 1avi 制作遮罩效果。
在 00:01:02:00 处,将视频素材分割,设置
后半部分的【速度】为 30%,如图 12-40
所示。

提　示

遮罩视频用于遮罩和过渡,所以在添加时无须
确定精确位置,只要能够达到效果即可。为了
使其呈现最佳效果,还可以通过分割视频以及
设置播放速度来实现。

图 12-40　设置【速度】参数

30 将素材 8.mp4 添加到"视频 1"轨道上。为

其添加【透视】|【斜角边】特效，设置【边缘厚度】为 0.2，【照明颜色】为#F0E8CA，如图 12-41 所示。

特效，如图 12-45 所示。

图 12-43   设置【缩放比例】

图 12-41   设置【斜角边】参数

31 为其添加【色彩平衡】和【色阶】特效，在【特效控制台】面板中，分别调整参数，如图 12-42 所示。

图 12-44   设置【色彩平衡】和【羽化边缘】参数

图 12-42   设置色彩参数

32 在相同的时间点，在"视频 2"轨道上添加素材 8.mp4，设置其【缩放比例】为 67，如图 12-43 所示。

33 为其添加【色彩平衡】和【羽化边缘】特效，在【特效控制台】面板中设置参数，如图 12-44 所示。

34 在 00:01:07:14 处，将遮罩素材 6.avi 添加到"视频 4"轨道上，并为其添加【亮度键】

图 12-45   添加遮罩视频

35 将素材 9.mp4 添加到"视频 1"轨道上。添加【亮度曲线】特效，调整【亮度波形】曲线，如图 12-46 所示。

图 12-46　调整【亮度曲线】

36 在 00:01:11:19 处，分割素材 9.mp4。设置后半部分素材的【速度】为 30%，制作上车的慢镜头，如图 12-47 所示。

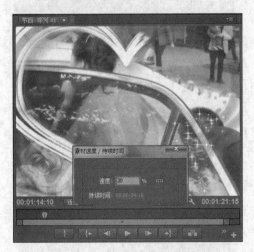

图 12-47　设置【速度/持续时间】

37 在"视频 1"轨道上添加素材 10.avi。复制上一素材的【色彩平衡】和【亮度曲线】特效，如图 12-48 所示。

图 12-48　复制视频特效

38 拖动【当前时间指示器】至 00:01:17:24 处，执行【文件】|【导出】|【媒体】命令，导出静帧图片，【格式】为 Targa，如图 12-49 所示。

导出静态图像

图 12-49　导出静止图片

39 在导出图片的时间点，使用【剃刀工具】将素材分割，将后半部分素材向后移动，添加静止图片，设置静止图片的【持续时间】为 1 秒，如图 12-50 所示。

图 12-50　添加静止图像

40　在该视频的播放区域的"视频 2"轨道上添加遮罩素材 4.avi，并为其添加【亮度键】特效，如图 12-51 所示。

图 12-51　添加遮罩视频

41　为静止图片添加【彩色浮雕】视频特效，设置【凸现】为 3。再添加【闪光灯】特效，

【与原始图像混合】为 50%，如图 12-52 所示。

42　按照相同方法，在 00:01:19:20 处选取一画面，导出静止图片。添加相同的视频特效，制作出画面定格效果，如图 12-53 所示。

图 12-52　添加【彩色浮雕】特效

图 12-53　制作画面定格效果

12.1.3　添加音乐

婚礼视频编辑完后，接着就是添加音频，再为音频添加淡入淡出的特效，使声音的出现不会太突兀。具体操作步骤如下。

1　将音频素材 Love.mp3 添加到"音频 1"轨道上。在【效果】面板中，选择【恒定增益】音频过渡特效，添加到音频的开始位置，如图 12-54 所示。

图 12-54 添加音频

2 在【特效控制台】面板中,设置【持续时间】
为 8 秒。在结尾处,添加【指数型淡入淡出】
特效,设置【持续时间】为 3 秒,如图 12-55
所示。

图 12-55 设置音频特效

3 在【节目】面板中单击【播放/停止切换】
按钮 ▶️ ,如图 12-56 所示。然后,保存
文件。选择一种视频格式导出视频,完成浪
漫婚礼的制作。

图 12-56 预览视频效果

12.2 制作宝宝电子相册

本实例制作的是宝宝电子相册,如图 12-57 所示。宝宝的成长只有一次,将照片成
长过程中的照片保留下来,制作成漂亮的电子相册,是记录宝宝成长的最佳选择。在制
作过程中,照片以运动的形式展示,以及特效转场的添加使照片切换更加自然。而具有
特效的字幕添加,能够更完美的展示照片。

图 12-57 宝宝成长电子相册

12.2.1 百天照片制作

　　本节主要将宝宝百天的照片以运动的形式进行展示，其中电子相册片头制作是由字幕与视频组合而成。具体操作步骤如下。

1 启动 Premiere Pro CS6，在【新建项目】对话框中，单击【浏览】按钮，选择文件的保存位置。在【名称】栏中输入"宝宝成长相册"，单击【确定】按钮，如图 12-58 所示。

图 12-58　新建项目

2 在【项目】面板中双击空白处，弹出【导入】文件夹，选择素材文件夹导入【项目】面板中，如图 12-59 所示。

图 12-59　导入素材文件夹

3 展开【项目】面板中【视频素材】文件夹，将素材 1.avi 插入【时间轴】面板上的"视频 2"轨道上，如图 12-60 所示。

4 在【时间轴】面板中，右击该视频素材，执行【解除视音频链接】命令，并将音频删除，如图 12-61 所示。

图 12-60　插入视频素材

图 12-61　删除音频

提　示

由于制作后期会统一添加音频素材，所以这里的所有视频素材均需要将音频删除。

5 执行【字幕】|【新建字幕】|【默认游动字幕】命令，直接单击【新建字幕】对话框中的【确定】按钮。在【字幕】面板中输入文本，并设置属性，如图 12-62 所示。

图 12-62　新建字幕

6 在【字幕样式】面板中，右击 Hobo Medium Gold 58 样式，执行【仅应用样式颜色】命令，如图 12-63 所示。

图 12-63 应用样式

> **提 示**
>
> 执行【字幕】|【滚动/游动选项】命令，在弹出的【滚动/游动选项】对话框中，勾选【开始于屏幕外】选项。

7 将字幕 01 插入"视频 3"轨道上，右击"视频 2"轨道上的视频，执行【速度/持续时间】命令，设置【持续时间】为 5 秒，如图 12-64 所示。

图 12-64 设置持续时间

8 将【当前时间指示器】拖至 00:00:05:00 处，依次将【照片素材】文件夹中的照片 100-01.jpg 至 100-06.jpg 插入"视频 2"轨道上，如图 12-65 所示。

> **提 示**
>
> 依次右击【时间轴】面板中的照片素材，执行【缩放为当前画面大小】命令，使其照片宽度与屏幕宽度相等。

图 12-65 插入照片

9 选中【时间轴】面板中的 100-01.jpg，并将【当前时间指示器】拖至 00:00:05:00 处。在【特效控制台】面板中设置【缩放】为 200，单击【位置】选项左侧的【切换动画】按钮，创建关键帧，如图 12-66 所示。

图 12-66 创建关键帧

10 单击【运动】选项组，【节目】监视器面板中的照片出现变换框，将该照片移至屏幕右下角区域，如图 12-67 所示。

图 12-67 移动照片位置

11 在 00:00:06:00 处单击【位置】选项右侧的【添加/移除关键帧】按钮，创建第二个关键帧。将照片向屏幕左上角移动，如图 12-68 所示。

12 在 00:00:07:00 处单击【位置】选项右侧的【添加/移除关键帧】按钮，创建第三个关键帧。将照片向屏幕左侧移动，如图 12-69 所示。

图 12-68 移动照片位置

图 12-69 移动照片位置

13 在 00:00:08:00 处单击【位置】选项右侧的【添加/移除关键帧】按钮 ◆，创建第四个关键帧。在【特效控制台】面板中设置【位置】参数，如图 12-70 所示。

图 12-70 设置【位置】参数

14 在同位置单击【缩放】选项左侧的【切换动画】按钮 ◉，创建关键帧，如图 12-71 所示。

图 12-71 创建缩放关键帧

15 在 00:00:09:00 处单击【缩放】选项右侧的【添加/移除关键帧】按钮 ◆，创建第二个关键帧。设置该选项为 100，如图 12-72 所示。

图 12-72 创建缩放动画

16 按照上述方法，为每一幅照片创建【位置】与【缩放】动画。其中，位置动画可以从屏幕的不同方向进入，如图 12-73 所示，为照片 100-06.jpg 的移动动画。

图 12-73 照片移动动画

12.2.2 一周岁照片制作

本节制作的是宝宝一周岁照片的动画效果，其中百天与周岁之间的分隔是通过视频与字幕组合而成的。具体操作步骤如下。

1 在 00:00:35:00 处插入视频素材 2.avi，并设置【持续时间】为 5 秒，如图 12-74 所示。

图 12-74　插入视频

2 执行【字幕】|【新建字幕】|【默认滚动字幕】命令，在【字幕】面板中使用【输入工具】输入文本，如图 12-75 所示。

图 12-75　创建字幕 02

3 在【字幕属性】面板中，为输入的文本设置【填充】与【阴影】选项组中的各个参数，如图 12-76 所示。

4 执行【字幕】|【滚动/游动选项】命令，在弹出的【滚动/游动选项】对话框中，启用【开始于屏幕外】功能，如图 12-77 所示。

5 将字幕 02 插入【时间轴】面板的"视频 3"轨道上，其起始位置与"视频 2"轨道上的

2.avi 相同，如图 12-78 所示。

图 12-76　设置字幕属性

图 12-77　启用【开始于屏幕处】

图 12-78　插入字幕 02

6 将【当前时间指示器】拖至 00:00:41:00 处，依次将照片 365-01.jpg 至 365-05.jpg 插入"视频 2"轨道上，如图 12-79 所示。

图 12-79　插入照片

7　选中【效果】面板中的【视频切换】|【三
维运动】|【立方体旋转】特效，将其拖至
【时间轴】面板中的视频 2.avi 与照片
365-01.jpg 之间，添加该特效，如图 12-80
所示。

图 12-80　添加【立方体旋转】特效

8　按照上述方法，在照片之间依次添加【油漆
飞溅】、【随机擦除】、【斜线滑动】和【划像
交叉】视频切换特效，如图 12-81 所示。

图 12-81　添加各种视频切换特效

提　示

这里的转场效果没有限制，可以任意添加视频
切换特效。

12.2.3　整体画面修饰

本节将对照片展示效果进行整体修饰，如为整个添加背景视频，以及添加背景音
乐等。

1　将【当前时间指示器】拖至 00:00:05:00 处，
将视频素材 3.avi 插入 "视频 1" 轨道上，
如图 12-82 所示。

图 12-82　插入视频

2　复制该视频，并在该视频右侧连续粘贴，直

至覆盖所有照片展示时间范围，如图 12-83
所示。

图 12-83　复制视频

3　执行【字幕】|【新建字幕】|【默认静态字
幕】命令，在【字幕】面板中输入文本后，

设置【属性】与【样式】选项，如图12-84所示。

字幕03中的字幕属性与样式，与字幕01中的字幕基本相同。

图 12-84　创建字幕03

4 将【当前时间指示器】拖至00:01:06:00处，将字幕03插入"视频2"轨道上。缩短"视频1"轨道上的视频播放长度，如图12-85所示。

图 12-85　插入字幕03

5 将【当前时间指示器】拖至00:00:00:00处，插入音频素材"小宝贝.mp3"，如图12-86所示。

图 12-86　插入音频

6 选中【效果】面板中的【音频过渡】|【交叉渐隐】|【恒定增益】特效，将其添加至音频素材开始位置，如图12-87所示。

图 12-87　添加【恒定增益】特效

7 将【指数型淡入淡出】特效添加至音频素材结束位置，形成音量逐渐减小的效果，如图12-88所示。

图 12-88　添加音频过渡特效

音频播放时间如果过长，可以对多余的部分进行分割与删除。如果播放时间过短，则可以通过复制与粘贴增加其播放长度。

8 在【节目】监视器面板中，单击【播放_停止切换】按钮 ▶ 预览视频效果。然后，保存文件。选择一种视频格式导出视频，完成电子相册的制作。